基于声弛豫的掺氢混合气体传感技术研究

张向群 著

WUHAN UNIVERSITY PRESS
武汉大学出版社

图书在版编目(CIP)数据

基于声弛豫的掺氢混合气体传感技术研究/张向群著.—武汉:武汉大学出版社,2022.6
ISBN 978-7-307-23085-9

Ⅰ.基…　Ⅱ.张…　Ⅲ.氢—混合气体—化学传感器—研究
Ⅳ.TP212.2

中国版本图书馆 CIP 数据核字(2022)第 083582 号

责任编辑:鲍　玲　　责任校对:李孟潇　　版式设计:马　佳

出版发行:**武汉大学出版社**　　(430072　武昌　珞珈山)
(电子邮箱:cbs22@whu.edu.cn 网址:www.wdp.com.cn)
印刷:武汉邮科印务有限公司
开本:787×1092　1/16　印张:10.25　字数:245 千字　插页:1
版次:2022 年 6 月第 1 版　　2022 年 6 月第 1 次印刷
ISBN 978-7-307-23085-9　　定价:39.00 元

序　言

气体的声速和声弛豫谱吸收系数具有随气体成分改变而变化的特性。利用这一特性进行气体检测的声学气体传感技术，具有结构简单、快速、低功耗、无需化学反应、无需校准等优势，在工业上有着广泛的应用前景。但是，现有的声弛豫气体传感技术是建立在分子振动弛豫理论基础上的，不能检测基于分子转动弛豫理论的气体例如氢气，这样严重制约声学气体传感技术在工业上的广泛应用。建立基于分子转动的氢气弛豫模型，并在此基础上结合现有的气体分子振动弛豫理论，构建掺氢混合气体弛豫模型，寻找该混合气体的超声探测方法是本书的研究目标。

本书从以下几个方面展开研究：

第一，针对现有的声弛豫理论模型存在的不足，仅适用于振动弛豫的气体，如二氧化碳、氧气、甲烷等，不适用于转动弛豫的氢气等，本书利用理想气体焓变与等压热容的关系，提出了基于分子转动弛豫的氢气理论模型，并讨论了分子转动弛豫和振动弛豫的相似与不同。在此基础上，与传统的振动弛豫模型相结合，构建了一种掺氢混合气体声弛豫模型。仿真结果验证了该模型的有效性，该模型为掺氢混合气体探测提供了有效的理论基础。

第二，现有的弛豫理论不能解释氢气弛豫过程的内部机理，针对这一问题，本书对氢气转动弛豫理论模型进行解耦，分析了单一转动弛豫过程对氢气总弛豫吸收的贡献，并证明氢气的转动弛豫过程是由多个单转动弛豫过程叠加的结果。在此基础上，构建了一个掺氢混合气体解耦模型。该解耦模型从微观角度分析了气体分子弛豫过程对宏观声弛豫特性的影响，定性和定量地分析混合气体中的分子弛豫与气体成分浓度之间的关系。最后利用该模型进行气体检测。

第三，针对传统的声弛豫谱吸收系数测量中存在的问题，如设备复杂、测量方法繁琐、精度低、高频阶段的信号淹没在噪声中难以测量等，本书提出了利用声速频散谱线的声速谱拐点进行气体探测的方法。首先，根据测量有限频率点的声速值重建声速频散谱线方法，计算得到声速谱拐点。其次，基于前面提出的解耦模型，构建声速谱拐点的理论探测区域。然后，将声速谱拐点定位到理论探测区域中，进行定性定量的探测。最后，利用声速谱拐点随着环境温度和气体成分变化而改变的特性，使用环境温度校正测量误差。

第四，实验室前期声学气体实验设备功能单一，只能进行负压测量。针对这一问题，研究开发了新型声学实验设备，能够进行真空至 30 个大气压实验，7 组超声波换能器扩展了测量的频率范围。此外，气体腔体内部安装了自带光源的摄像头，可以在黑暗的环境下监控内部情况，腔体内外的双加热模块可以升高温度，实现实验温度恒定可控，内置的风扇可以使气体受热均匀。最后，针对原有测量数据少、气体压强变化范围小等问题，本书将测量气体的压强范围扩展至 0.6~8 个大气压，测量了多种混合气体的实验数据，并进行了数据处理和误差讨论，为基于声速谱拐点的气体传感技术理论研究提供了有效的实验支撑。

综上所述，本书提出了基于声弛豫的掺氢混合气体模型，并对其进行解耦，分析了氢气分子转动弛豫过程的内部机理，这些理论研究弥补了现有的气体分子弛豫理论不适用于氢气和掺氢混合气体的不足。本书还提出了基于声速谱拐点的气体探测方法，利用前面提出的理论模型构建有效探测区域，将测量得到的声速谱拐点定位到有效区域，定性定量地探测混合气体。该方法推动了声学气体传感技术在工业中的实用化应用。此外，本书开发的新型声学气体实验设备为理论研究提供了有效的实验支撑。

本书的出版得到国家自然科学基金项目（批准号：62071189、61901164），以及河南省科技厅科技攻关项目（编号：212102310906）、许昌学院省级创新团队培育项目（编号：2022CXTD004）、贵州省科学技术基金项目（合同号：黔科合基础-ZK［2021］一般318）的支持。由于作者的水平和时间有限，书中难免有不足之处，欢迎各位专家和读者批评指正。

张向群

2022 年 3 月

目　　录

第1章 绪 论

1.1 气体传感技术概述

气体是物质的基本形态之一（其他形态为：固体、液体和等离子体），广泛存在于自然界中。作为气体重要成员之一，氢气资源丰富、热值高、无污染[1-3]，在当今的能源、化工、冶金、食品、航空航天等领域扮演着不可替代的角色[4]。在工业应用中，氢气经常与其他气体混合，例如：高温加工玻璃和微型电子芯片制造过程中，在氮气保护气中加入氢气可以去掉残余氧[5]；在航空工业领域，洁净高燃料性的液氢作为火箭的推进剂[6]；在医学方面，氢气对中枢神经系统、脑血管、肝脏病均具有治疗作用[7,8]；掺氢天然气是一种将氢气与天然气按一定比例混合的新型气体燃料，它综合了氢气燃烧速度快和天然气体积热值高等优点，比起普通天然气，它的优势在于：燃烧速度快、更充分、稳定性更高，传输过程能够利用比较完善的天然气基础设施，具有更高的实际应用价值[9]。随着化石燃料资源日渐枯竭，全世界不断加大对新能源的开发利用，其中，通过大规模风电和光电制氢，并将这些氢掺入天然气，加压后组成掺氢天然气，利用现有天然气管网进行输送，被认为是充分利用资源丰富的风电太阳能、解决化石燃料枯竭问题的有效途径之一，也是本书研究对象的主要应用场景。然而，氢气是一种易燃易爆的危险气体[10]，着火点较低和易燃范围广[11,12]，与一定浓度的氧气或者空气混合，容易发生爆炸，给人们生产生活带来灾难，因此研究掺氢混合气体传感技术具有战略意义。

气体传感技术通过信号采集和转换，将气体成分和浓度等信息转换为电信号，进而被人类或者计算机识别[13-16]。气体传感器按照工作原理可以分为红外光谱、半导体、接触燃烧、声表面波、电化学、光声光谱[17,18]等类型，这些传感器存在各自的缺点[19]。半导体式传感器[20-22]灵敏度受环境温湿度、氧浓度变化、半导体材料本身等多种因素的制约，成本高，反应时间较长，不能应用于高精度的测量场所；电化学式气体传感器[23-25]利用化学反应来识别气体成分，检测范围小，容易与干扰气体发生反应，不可重复使用，需定期校正；接触燃烧气体传感器[26,27]通过催化燃烧来检测气体成分，缺点是在检测过程中破坏了待测气体成分，需要在充足的氧气环境中工作，有爆炸危险而且零点和量程会发生漂移，需要频繁的校正；红外吸收气体传感器[28-30]的检测原理是利用气体对特定频率红外光谱的吸收作用，来检测特定波长的气体，体积大，价格比较贵，功耗很高；声表面波气体传感器[31,32]利用声表面波器件通道上的敏感薄膜对气体的吸附作用，导致振动器震荡频率、幅度或者相位变化，通过这些参数变化进行气体测量；由于敏感薄膜是特定的，因此声表面波传感器气体选择性弱，而且寿命较短。

近年来随着科技的高速发展，工业、医疗、农业等领域对气体传感器的需求不断增加，同时也对气体传感器提出了更高的要求[33]。然而，上述气体传感技术均不能很好地满足社会对气体传感器的智能化、低成本要求。基于声弛豫的气体传感技术是气体传感与检测领域中前沿技术之一，理论依据是在声传播过程中气体的声弛豫特性依赖于分子组成，宏观上表现为声速和声弛豫吸收谱系数随气体组分和浓度不同而变化。在实际应用中主要使用超声波换能器作为气体传感器进行成分检测，超声波换能器经久耐用等优点满足了工业、医疗、农业等领域对气体传感器的需求，尤其适合应用在掺氢混合气体组分探测场合。

超声波是声波的一种，一般是指频率大于 20kHz 的机械波。超声波虽然不能被人的耳朵听到，但是在人类活动中起着重要作用，是进行声学气体传感技术的关键器件。超声波的波长很短，频率比较高，容易汇聚成束，声波强度与频率平方成正比，贯穿能力比较强[34]。超声波换能器采集声波信号，并将其转换为电信号。超声波换能器分为压缩式、压电式和电磁式等，压电式在市场产品最为常见[35]。目前市场上常用的是集收发一体超声波换能器，可以发送和接收超声波，它的工作频率一般在 20kHz ~ 10MHz 之间。用来检测气体声弛豫特性的超声波传感器有六个优点：

（1）高精度测量，某些气体的检测精度达到 ppm 量级[36]；

（2）快速实时响应，可实现在线检测[37]；

（3）容易安装和维护，体积小，可嵌入集成设备中[38]；

（4）可靠性高，无需校正，通用性强并且不产生漂移，能够满足野外或者恶劣环境的长期检测需要[39]；

（5）技术简单，低功耗低成本，传感器寿命长，可长期重复使用，易大量生产，适用于大规模应用[40]；

（6）能够实现无破坏性、非侵入式测量，不破坏被测气体的原来成分，无需燃烧或者化学反应等预处理，适用于容易爆炸的危险气体环境[41,42]。

1.2　声弛豫气体传感技术研究现状

利用气体的声传播特性进行气体检测已经有近百年的历史，最初是利用气体的声速来检测气体成分。在 19 世纪晚期，德国化学家 Haber[43] 设计了一个"哨子"来检测矿井中是否含有易燃易爆的甲烷或者氢气，矿井空气通过该哨子时，由于甲烷和氢气的摩尔分子量都小于矿井空气的分子量，从哨子音量的大小可以判断出氢气或者甲烷的浓度，从而实现报警。在 Haber 方法的基础上，Garrett[44] 设计了一个基于电子温度补偿器的声速分析仪来检测氢气和甲烷，该分析仪具有较高的灵敏度、准确度和快速响应时间，能够在不同的温度、压力、流量范围等条件下工作。1923 年，Geberth[45] 利用声速探测氢气氧气混合气体，分辨率达到 0.1%。后来 Griffiths[46] 测量了 CO_2、O_2 和空气等常见气体声速。1970 年，Kagiwada[47] 设计了一个通过测量声速来检测气体浓度的设备，该设备被广泛应用于低浓度外来气体的探测。1981 年 Guillo[48] 通过测量传播距离和传播时间得到声速，用来分析二元混合气体的含量变化，其分辨率达到 0.6%。由于该方法的准确度较高，后续超声信号在气体介质中的声速测量多采用类似方法。Polturak[49]在 1986 年设计了一个声学共振实验设备，用来测量 3He 和 4He 混合气体的浓度，探测准确度为 0.1%。1988 年，Hallewell[50]开发了一种基于二元气体声速微小波动的自动化在线监测器。1994 年美国西北大学的 Lueptow 研究小组[51]利用不同的气体分子量和热容导致声速不同的原理，成功实现对遍布美国的 6700 种天然气中甲烷浓度的探测，体积探测分辨率在±1.2%以内，并获得专利。Zipser[52]开发了一种声学气体分析仪来测量工业干燥废气中的声速，该气体分析仪包括两个热耦合谐振器：一个谐振器里充满参考气体，另一个谐振器里充满未知的混合气体。Zipser[53]还提出了利用测量混合气体的等熵和非等熵声速来进行三元气体检测的方法，但本质上他的方法还是利用声速来检测二元气体。

由数学知识可知，上述方法仅依赖于声速一个变量，只能检测二元气体，不能识别三元以上成分复杂的混合气体。因此，研究者引入声吸收作为变量来进行气体检测。1985 年 Terhune[54]利用声速和声吸收两个声学量，实时监控核反应堆中氢、氧和水蒸气在氮气中的含量变化，但是他的理论仅考虑了分子输运现象造成的声经典吸收，忽略了分子弛豫过程引起的声弛豫吸收。2003 年，Ejakove 等[55]设计了一套具有四对不同频率的收发超声波换能实验装置，并利用该装置测量了纯净气体空气、氧气、甲烷、氢气以及不同气体与氮气混合气体的声速和声弛豫吸收谱系数，该测量结果同时验证了三元混合气体弛豫理论模型的正确性。同年，Phillips 等[56]提出基于气体声弛豫特性的超声波传感器原型，将一个频率点的声速和声弛豫吸收谱系数测量值投影在两种气体组成的浓度平面上，进行三元混合气体 CH_4-N_2-H_2O、H_2-O_2-H_2O 的探测，该方法还可以扩展到限定条件下四元混合气体探测。2006 年，Petculescu[57]设计了一个用于测量声速和声弛豫吸收谱系数的实验设备，压强变化范围从 0.2 到 32 个大气压，测量点的频率为 215kHz，并利用该设备对二氧化碳和含有 2%空气的甲烷混合气体进行测量，衍射修正后的测量数据符合理论曲线，验证了设备的可靠性。2013 年，张克声[58]提出基于两个频率点的声速和声弛豫吸收谱系数测量值进行气体探测的方法，无需测量气体压强和密度。胡轶[59]在张克声两频点方法的基础上，提出利用声弛豫吸收谱峰值点探测气体成分的方法。刘婷婷[60]提出利用有限个频率点的声速和声弛豫吸收谱系数重构气体有效热容，按照气体内部比热容进行定性定量识别气体的方法。同年，朱明等[61]提出利用 $2N$ 个频率点的声速和声弛豫吸收谱吸收测量值合成 N 个单弛豫过程，重构声弛豫吸收谱进行气体探测的方法。

总之，上述方法利用声速检测二元气体、联合声速和声弛豫吸收谱系数探测三元以上混合气体，在理论和实际应用方面取得了一定成绩，推动了声弛豫气体传感技术的发展。

1.3 本书的研究意义

基于声弛豫特性的气体传感技术具有广泛的应用前景。但是，现有的声弛豫气体传感技术大部分是基于气体分子振动弛豫的理论，只能探测甲烷、氮气、二氧化碳等传统气体，不能探测基于分子转动弛豫理论的气体，例如氢气，从而阻碍了声弛豫气体传感器在探测气体方面的通用化发展。因此，本书针对现有气体振动弛豫理论不能应用于掺氢混合气体探测的不足，将考虑下面四个问题：

（1）研究氢气的分子转动弛豫规律，研究氢气经典吸收和分子振动弛豫对转动弛豫的影响，构建基于分子转动弛豫的氢气声弛豫模型；在此基础上，与现有的振动弛豫模型相结合，构建掺氢混合气体的弛豫理论模型，是本书的第一个问题。

（2）解耦氢气的分子转动弛豫模型，分析氢气分子转动弛豫的内在机理，探讨氢气的转动弛豫是否像其他气体的振动弛豫一样可分解；在此基础上，与现有的振动弛豫解耦模型相结合，构建掺氢混合气体复合弛豫解耦模型，进行掺氢混合气体的探测，是本书研究的第二个问题。

（3）现有的声弛豫气体探测技术大部分是基于声弛豫吸收谱系数和声速的联合测量。但是，测量声弛豫吸收谱系数需要复杂的设备，测量误差为 5% 左右，严重影响气体探测的精度。此外，一些气体（例如氢气）声弛豫发生在高频（MHz）阶段，此时气体经典吸收数值随频率升高而快速增加，远远大于声弛豫吸收谱系数，造成声弛豫吸收信号淹没在噪声里，无法测量。因此，找到一种快速测量方法，克服测量声弛豫吸收谱系数复杂操作和低精度等问题，获得气体成分的本质弛豫特征，定性和定量地检测掺氢混合气体成分和浓度，是本书研究的第三个问题。

（4）本实验室前期声弛豫气体实验设备有以下缺点：只能进行负压实验；收发换能器之间可改变的距离只有 10cm，无法进行更长距离的测量；无法控制气体实验时的温度；无法监控实验腔体内部环境；气体密闭性差，存在导致危险气体泄漏发生爆炸危险。针对前期实验设备测量数据少、气体压强变化范围小等问题，研制新型的气体声弛豫实验设备，获取更多频率和压强下的混合气体实验数据，为理论研究提供必要的实验支撑，是本书研究的第四个问题。

解决上述四个问题，为掺氢混合气体传感技术提供必要的理论支持，推进声弛豫气体传感技术的实用化进程，这是本书的研究意义。

1.4　本书的研究内容

图 1.1 给出了气体分子声学弛豫探测金字塔图[37]。对于已知气体，从金字塔底层出发（左边的箭头），弛豫模型根据已知气体分子特性和气体成分计算出分子的非弹性碰撞和能量转移概率，进而计算出弛豫过程中的弛豫时间、气体有效热容，最后预测已知气体的声传播特性（声速和声弛豫吸收谱系数）；反向，从金字塔顶部开始，测量未知气体的宏观声传播特性（声速和声弛豫吸收谱系数），然后对弛豫模型进行"反向计算"定性定量检测气体，也就是逆向的气体探测（右边的箭头）。

针对目前声弛豫气体传感技术存在的问题，本书具体研究内容包括：①首先构建氢气分子转动弛豫模型，在此基础上，与传统振动弛豫模型相结合，构建掺氢混合气体弛豫模型，预测掺氢混合气体的声传播特性（声速和声弛豫吸收谱系数）；②解耦氢气多转动弛豫过程，并与传统的振动弛豫解耦模型相结合，构建掺氢混合气体弛豫解耦模型，预测掺氢混合气体的各组分单弛豫过程的声传播特性，为掺氢混合气体探测奠定理论基础；③在研究内容①和②的基础上，测量有限个频率点的声速，重建声速频散谱曲线，得到声速谱拐点，构建混合气体声速谱拐点的有效探测区域，根据声速谱拐点的位置实现掺氢混合气

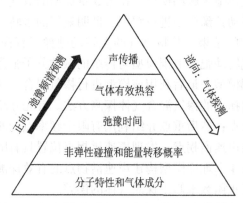

图 1.1 气体分子声学弛豫探测金字塔图

体的定性和定量识别。研究内容①和②是图 1.1 分子弛豫气体探测金字塔图中正向的弛豫频谱预测；研究内容③是图 1.1 金字塔图中逆向的掺氢混合气体探测。基于声弛豫的掺氢混合气体研究内容框架如图 1.2 所示，实线方框内是现有的研究内容，虚线方框内是本书的研究内容。

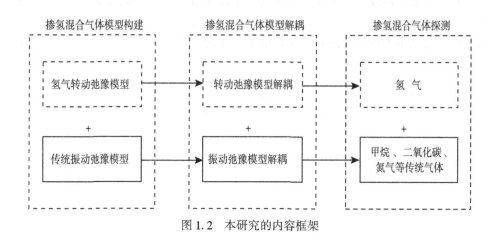

图 1.2 本研究的内容框架

本书针对基于声弛豫的掺氢混合气体传感技术进行研究，有 8 个章节构成，后续的 7 个章节主要内容如下：

第 2 章，气体声学理论基础。首先介绍声波在理想气体和非理想气体的传播特性，回顾现有气体分子振动弛豫理论的发展历程，指出了该理论的不足，提出了掺氢混合气体弛豫理论（第 3 章和第 4 章）研究的必要性。

第 3 章，掺氢混合气体弛豫模型。首先回顾氢气分子转动弛豫理论的发展历程；进而利用理想气体焓变与定压热容的关系，提出一种基于分子转动的氢气弛豫模型。在此基础上，将氢气的转动弛豫模型与传统的振动弛豫模型相结合，构建掺氢混合气体声弛豫模型。

5

第 4 章,掺氢混合气体弛豫解耦模型。在第 3 章提出的氢气转动弛豫理论模型的基础上,首先对氢气的分子转动弛豫模型进行解耦,证明氢气的多转动弛豫过程是由其解耦的多个单转动弛豫过程叠加的结果,并将氢气的多转动弛豫过程简化为几个单转动弛豫过程。在此基础上,将氢气转动弛豫解耦模型与传统的振动分子弛豫解耦模型相结合,构建掺氢混合气体声弛豫解耦模型,最后利用该模型进行掺氢混合气体探测。

第 5 章,基于声速谱拐点的掺氢混合气体探测方法。首先介绍现有的气体声弛豫探测方法,并分析它们的优缺点;然后重点介绍利用有限个频率点的测量声速值重建声速频散谱方法;在此基础上求出声速谱拐点,发现声速谱拐点位置具有随环境温度和气体成分变化而改变的特性,利用第 4 章理论模型构建声速谱拐点的有效探测区域,进行掺氢混合气体探测,最后利用温度校正函数来修正探测气体的误差。

第 6 章,声学气体实验设备与实验测量。首先介绍声弛豫气体实验设备的工作原理和国内外实验设备的研制现状,指出实验室前期声学气体实验设备的缺点;然后重点介绍研制的新型声学气体实验设备各部分组成;最后,针对前期实验测量数据少,气体压强变化范围小等问题,将测量气体的压强变化范围扩展至 0.6~8 个大气压,测量了多种混合气体的声速,并进行了数据处理和误差讨论。新型声弛豫实验设备研制对第 5 章基于声速谱拐点的掺氢混合气体探测方法提供了有效的数据支撑和验证。

第 7 章,其他探测方法。主要介绍了气体压强探测算法、有效热容、单频点声速测量等,最后进行了总结。

第 8 章,总结本书的研究内容,并指出下一步的工作。

第 2 章　气体声学理论基础

本章首先介绍了声波在理想气体和非理想气体中的传播特性，重点介绍弛豫效应产生声波吸收和声速频散的物理原理；然后重点介绍气体分子振动弛豫理论及其发展历史；其次，分析并指出现有气体分子振动弛豫理论的瓶颈；最后对本章内容进行总结。本章为第 3 章和第 4 章氢气转动弛豫理论模型和解耦提供了理论研究基础。

2.1　声波在理想气体中的传播特性

理想气体有三个特征：①两个分子之间发生的碰撞是弹性碰撞，碰撞过程中内部能量不发生变化，只发生分子的能量转换；②由于气体两个分子之间的距离比较大，因此两个分子间的作用力可以忽略不计；③与气体的总体积相比，每个气体分子的大小可以忽略不计。气体状态方程、道尔顿分压定律、阿玛格分体积定律、阿伏伽德罗定律、焦耳定律是计算理想气体的热力学特性必须严格遵循的 5 个定律。理想混合气体性质如下：①理想混合气体中每种气体组分的摩尔分数、压力分数与体积分数相同；②混合气体的平均分子量等于气体各成分的摩尔比例与其分子量乘积之和；③热力学能的数值变化等于温度的数值改变量乘以定体摩尔热容。

声波在理想气体中传播过程中首先假设以下条件：①在声波传播时，介质与外界不会因为温度差产生热交换，稠密和稀疏的过程是绝热的；②在没有小幅声波扰动时，该介质在宏观上是静态而且均匀；③当声波在理想气体中传播时不会消耗能量，理想气体没有黏滞；④这里讨论的声波是小振幅声波，各个声学变量都是一级微小变量[62]，也就是小振幅声波一维波动方程。描述声波在理想气体中传播的状态关系方程如下：

物态方程表示的是密度 ρ 和声压 P 的关系，即

$$dP = V^2 d\rho \tag{2.1}$$

式中，V 表示声波的传播速度。声场中连续性方程实质上是质量守恒定律，表示质点速度 v 与密度 ρ 的关系：

$$-\frac{\partial}{\partial x}(\rho v) = \frac{\partial \rho}{\partial t} \tag{2.2}$$

式中，x 表示位置，t 表示时间。运动方程表示当有声波扰动时，声场中声压与质点速度的关系为：

$$\rho \frac{dv}{dt} = -\frac{\partial p}{\partial x} \tag{2.3}$$

本书研究的声波对象是平面声波：声波的波阵面是平面，声波只沿着 x 方向传播，在 yz 平面上所有质点的振幅和相位均相同。

2.2　声波在非理想气体中的传播特性

在 2.1 节中的平面声波在理想气体的传播过程中不存在任何能量的耗散，也就是说对声波没有吸收作用。但是，在实际情况下，声波在非理想气体传播过程中会出现声波幅度随着传播距离的增加而逐渐衰减的现象，声波能量转变为热能，这种能量耗散现象称为声衰减或者声波的吸收[63]。本书的研究对象是平面波在无化学反应的气体中传播时的声波吸收。当平面波传播 t 时刻，距离声源 x 处的声压表示为

$$p(t, x) = p_0 e^{i\omega\left(t - \frac{x}{V}\right)} e^{-\alpha x} = p_0 e^{i(\omega t - k' x)} \tag{2.4}$$

式中，$k' = \omega/V - i\alpha$ 称为声波的有效波数，是复数形式，α 是声吸收系数。α 和 V 决定了不同频率声波的传播特性，气体本身决定了其数值大小。声波在非理想气体中存在两种不同的吸收机制——经典声吸收 α_c 和声弛豫吸收 α_r。

2.2.1　经典声吸收

气体经典声吸收主要由气体中黏性、热传导和扩散等输运现象导致的。输运现象是指当大量粒子在某种媒质中运动时，由于各粒子位置、动量和其他特征量的变化而引起各种物理量随时间和空间的变化[64]。气体在媒质中运动时，由于流速不均匀、互相摩擦导致一部分声能转化为热能，并导致黏性损耗。在声传播中，压缩的高温区域和膨胀的低温区域之间的温差会引起部分热交换，造成了机械能转换为热能的现象叫做热传导吸收。斯托克斯和克希霍夫[65]给出了由黏滞力和热传导效应引起的经典声吸收计算公式：

$$\alpha_c = \frac{2\pi^2 f^2}{\rho_0 V^3}\left[\frac{4}{3}\eta' + (\gamma' - 1)\frac{\kappa}{\gamma' C_V}\right] \tag{2.5}$$

在式（2.5）中，ρ_0 是气体密度，V 代表气体的声速，η' 表示气体的黏滞系数，κ 是热传导系数，$\gamma' = C_p/C_V$ 是比热容，C_V 和 C_p 分别是定容热容和定压热容；f 表示频率。从式（2.5）可以看出，经典声吸收 α_c 与频率 f 的平方成正比，也就是说，声吸收随着频率的升高而快速增大，声波的传播距离减小。这解释了以下现象：较低频率的声波例如击打乐器中低沉的鼓声在空气中可以传到很远的距离；然而高频率的超声波在空气中传播距离非常小，衰减很大。此外，气体的扩散运动也会造成经典吸收。当气体分子从浓度高的地方向浓度低的地方扩散时，如果存在压强或者温度差，与分子量较大的气体分子相比，分子量较小的气体分子趋于以更快的速度达到热平衡，从而导致气体媒质的不均匀性。媒质的不均匀性会导致某些声波改变其传播方向，从而带走能量并造成声波损耗。然而，对于大部分气体（氢气除外）来说，扩散运动引起的声吸收可以忽略不计，因为它仅占经典声吸收的 0.5%。

2.2.2 声弛豫吸收

除了考虑上述经典声吸收外，还要考虑非理想气体分子微观过程引起的弛豫声吸收。非理想气体的分子有三种类型：单原子、双原子和多原子。单原子气体分子只有平动[66]，仅存在输运过程导致的经典声吸收，而没有分子微观运动引起的弛豫吸收。双原子或者多原子气体除了分子平动外，还有分子的转动和振动。本研究只考虑双原子或者多原子气体分子平动、振动和转动引起的声弛豫吸收。宏观上的气体温度可分为平动温度、转动温度、振动温度。根据气体的运动模式，气体分子还可以分为多模式或者多个自由度（物体运动方程中可以写成的独立坐标数）。无论单原子、双原子或多原子气体分子度有三个平动自由度。非线性分子有三个转动自由度，双原子分子和多原子线性分子的转动只有两个转动自由度。在温度 T 下，每一自由度有相应的能量分配，平动和转动自由度能量为 $0.5kT$，每个振动自由度的能量是 kT（k 是波尔兹曼常数)[67]。

气体声弛豫吸收理论实质是气体分子的平动能量与分子的转动和振动能量之间的重新分配。在没有声波传播的情况下，气体分子平动、转动、振动的瞬态温度相等，气体处在热平衡的状态下，玻尔兹曼关系决定了它们的能量分配。当有声波扰动时，气体发生周期性的压缩和膨胀过程，内外自由度能量也随之发生周期性的改变，相应状态的变化通过平动、转动和振动之间能量变化重新分布，并转变为新的平衡状态，这个过程称为弛豫过程。但是，建立新的平衡不是立即完成的，而是需要一定的时间，这段时间称为弛豫时间。

下面详细介绍气体弛豫过程中的压缩和膨胀。当发生声压缩时，分子平动能首先增加，通过分子间的非弹性碰撞某些分子级能的能量增加发生跃迁，使分子平动运动转变为分子振动和转动，在宏观上表现为分子转动和振动的温度增加。当发生声膨胀时，分子平动运动能量变化引起的热平衡状态非常短，频率比较高的超声波在宏观上表现为平动温度随气体压强和密度的变化是同相位的，可以认为是瞬间完成；大部分气体（氢气除外）的分子转动能量变化比分子平动稍微慢一点，但是它们所需时间在同一数量级上，转动温度的变化和平动温度的变化相同。具有较大能级间隔的振动模式，将振动激发能转移到外自由度需要上千次的碰撞，导致振动温度 T^{vib} 需要一段时间才能回到热平衡态，这个过程便称为振动弛豫过程，该过程达到平衡状态需要的时间称为振动弛豫时间[68]。当声波周期与弛豫时间的大小比较接近时，热平衡状态下的气体内能是各自由度能量之和[69]。也就是说，在弛豫过程中，当分子规则运动转变为无规则热运动时会发生额外的能量耗散，引起了声波的额外吸收，这称为弛豫吸收[70]。

2.2.3 声速频散

声波的传播速度反映了气体介质在声扰动下的压缩特性。在频率较低的情况下（频率小于 $10^9 Hz$），声波传播过程可以认为是绝热过程[71]。恒定质量的气体在恒温条件下压强和体积的乘积是一个常数，在不同温度下有不同的数值。根据物态方程，理想气体的声速公式为：

$$V^2 = \left(\frac{\mathrm{d}P}{\mathrm{d}\rho}\right)_s \qquad\qquad (2.6)$$

式 (2.6) 又可以表示为:

$$V = \sqrt{\frac{\gamma RT}{M}} \qquad\qquad (2.7)$$

式中, M 表示气体的摩尔质量; $\gamma = C_P/C_V$, 是等压热容 C_P 与等容热容 C_V 的比值, $C_P = C_V + R$, R 为摩尔普适气体常数。在恒定温度和已知气体条件下, 根据式 (2.7) 可以看出声速数值主要依赖于比热容的大小。在不考虑弛豫过程的情况下, 根据热力学理论, 气体比热容是一个定值, 因此声速也是一个定值, 即经典声速公式。在考虑气体分子弛豫过程时, 气体的比热容是一个依赖于频率的复数形式, 从而声速频散谱曲线是依赖于频率的函数, 如图 2.1 所示。

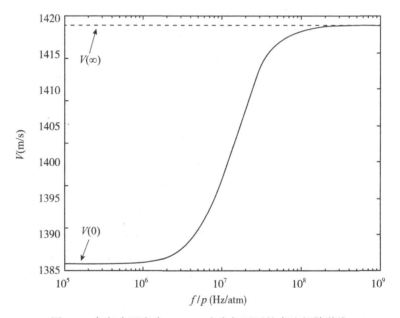

图 2.1　氢气在温度为 293K 一个大气压下的声速频散谱线

根据声速式 (2.7), 可以用来探测二元气体的浓度。假定二元混合气体中, 一种气体的浓度为 x_1, 比热容为 γ_1, 摩尔质量为 M_1; 另一种气体的浓度 x_2, 比热容为 γ_2, 摩尔质量 M_2。混合气体的摩尔质量为 $M_x = x_1 M_1 + x_2 M_2$, 比热容为 $\gamma_x = x_1 \gamma_1 + x_2 \gamma_2$。首先测量两种气体成分的声速 V_1 或者 V_2 其中一个, 然后测量二元混合气体的声速 V_x。

$$V_1^2 = \frac{\gamma_1 RT}{M_1}, \quad V_2^2 = \frac{\gamma_2 RT}{M_2}, \quad V_x^2 = \frac{\gamma_x RT}{M_x} \qquad\qquad (2.8)$$

$$\frac{V_1^2}{V_x^2} = \frac{x_1 M_1 + x_2 M_2}{M_x}, \quad x_1 + x_2 = 1 \qquad\qquad (2.9)$$

联合式（2.8）和式（2.9）可以得到二元气体各自的成分浓度。

2.2.4　分子弛豫过程中的能量转移

1. 振动能量转移

图 2.2 显示的是振动双原子分子 AB 和平动 CD 之间的碰撞（为了简化表达，这里以 CD 保持不动表示 CD 处于基态，实际处于基态的原子之间依然也是一种振动）。假设 AB 是简谐振子，其平衡原子核间距为 $2d_0$；CD 是具有相同核间距离的非振动分子（可以看作平动）。r 是两个分子质心之间的距离。对于这个特定的模型，假设在碰撞过程中分子间势能 $V(r)$ 随 r 变化仅取决于相邻原子之间的电位，只考虑双原子分子 AB 中的 B 和分子 CD 中的 C。在任何特定时间内，B 和 C 的分离将由 $d = r - 2d_0 - x$ 给出，其中 x 是 AB 偏离平衡点的位移。碰撞期间 $V(r)$ 随着 d 变化而改变，r 表示随时间变化的扰动，x 表示量化的周期运动。在振动-平动（V-T）的碰撞过程中，如果变化的力作用于量子化的周期运动，而且在运动期间力的变化很小，则该过程将是绝热的（无能量转移）；如果在该运动期间变化很大，则该过程将是非绝热的（有效的能量转移）。

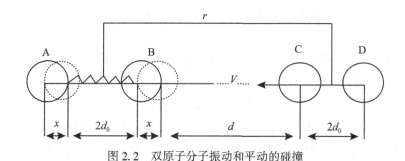

图 2.2　双原子分子振动和平动的碰撞

2. 分子转动能量转移

图 2.3 表示两个刚性转动分子 AB 和 CD 之间的碰撞，最右边的圆圈虚线表示转动方向。很明显，这个模型比图 2.2 的振动分子碰撞模型要复杂得多，因为需要考虑四个原子之间不同角度的相互作用。与分子振动一样，这里存在一种外力，它在碰撞过程中发生周期性运动变化。由图 2.2 和图 2.3 可以看出，振动-平动和转动-平动能量转移之间存在着显著差异。在振动-平动能量转移过程中，随着振动能量的增加，分子的振动频率保持近似恒定。但在转动-平动能量转移过程中，转动频率随着转动能量的增加而迅速增加，转动周期随着温度升高而快速减少，因此转动-平动（R-T）能量转移的效率随着温度的升高而降低。这反映在量子力学中，即相邻两个振动级能 v 和 $v-1$ 的能量差，随着振动级能 v 增加而保持近似恒定；相邻两个转动级能 J 和 $J-1$ 之间的能量差，随着 J 的增加而迅速增加。

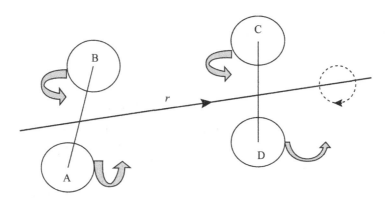

图 2.3 两个转动的双原子分子之间的碰撞

计算分子转动非弹性碰撞方法有三种：量子力学、经典和半经典。每种方法的应用领域依赖于参与平动和转动的量子数目级。当转动和平动的量子数目较少时，例如氢气分子和氦分子的碰撞，量子力学方法比较适用。对于量子数目较少的转动和量子数目较多的平动，半经典方法适用。对于转动和平动量子数目都很大时，经典方法是最佳选择。以上三种方法的计算均需要一个精确的分子间势能函数 $V = V(r)$。

1）经典理论

Parker[72]研究两个同核双原子分子 AB 和 CD 的碰撞，提出了第一个计算分子转动势能函数的经典公式如下：

$$V(r) = V_R + V_A \tag{2.10}$$

式中，V_R 是分子间的斥力，V_A 是分子间的引力，并且规定同一平面的最初转动能量为零。转动弛豫还可以用分子转动能量的弛豫时间 β_R 来表征。转动碰撞数目 Z_R 是 β_R 的倒数，Z_R 的大小依赖于温度 T^*，具体细节请参考文献[73]。

$$Z_R = \frac{Z_R^\infty}{\left[1 + \frac{\pi^{3/2}}{2} \left(\frac{T^*}{T} \right)^{1/2} + \left(\frac{\pi^2}{4} + \pi \right) \left(\frac{T^*}{T} \right) \right]} \tag{2.11}$$

2）量子力学理论

与经典理论相比较，量子理论计算不同转动级能之间的转移概率，本质上计算方法与计算振动-平动转移是一样的。计算转动转移概率需要依赖于转动角度的指数，分子势能函数形式如下

$$V(r) = V_1(r) + \beta \exp(-\alpha r) \cos^2 \theta \tag{2.12}$$

式中，β 为可调整参数，θ 为转动角度。

3）半经典理论

该理论将经典理论和量子力学理论相结合，利用经典方法计算分子碰撞中的平动，用量子力学方法计算气体分子的转动。

2.3 气体分子振动弛豫理论

2.3.1 气体分子声弛豫理论的发展

气体分子声弛豫理论的发展，至今已有近百年的历史。1928 年 Herzfeld[74]发现气体在声波传播过程中的弛豫吸收现象，提出气体分子平动、转动和振动之间较慢的能量转移速率是声弛豫吸收的主要原因。1952 年，Schwartz 等[75]利用气体声弛豫中振动-振动能量转移和气体分子振动弛豫方程，计算出气体振动弛豫时间，为声弛豫研究提供了理论基础。Tanczos[76]将 Schwartz 等[75]的方法扩展到多原子分子振动弛豫时间的计算上，考虑了甲烷和氯甲烷的分子碰撞中一个、两个和三个量子的变化，计算出甲烷和氯甲烷的有效弛豫时间和声速。Zuckerwar[77]设计了一个共振管装置，用来研究在温度为 301K、343K、387K 时潮湿空气中 N_2 的振动弛豫，测量结果发现温度和湿度的微量变化对 N_2 的弛豫频率有重大影响。Bauer 和 Shields[78,79]考虑了多振动模式下多个量子参与能量转移，并给出了多原子气体分子的能量转移弛豫方程，该方程与温度有关，计算了二元气体的声速和声弛豫吸收谱系数。他们还通过实验验证了在高浓度的 CO_2-N_2 混合气体中，氮气的弛豫过程中存在着振动-振动和振动-平动能量转移。但是，该理论仅适用于一元或二元混合气体。2001 年，美国西北大学的 Dain 等[80]利用分子振动弛豫理论计算混合气体中的声速和声弛豫吸收谱系数，并研究了不同摩尔浓度气体对声弛豫过程中有效弛豫频率和声弛豫吸收谱系数的影响。

目前，国内的声弛豫研究成果主要集中在本实验室课题组。2008 年，鄢舒等[81,82]直接模拟蒙特卡罗方法建立了一个声传播模型。贾雅琼等[83]提出了声弛豫过程中气体的有效热容与弛豫时间有一一对应的关系。张克声[84,85]指出振动弛豫是弛豫过程的关键参数，决定了声弛豫吸收谱峰值点的频率，提出利用解耦模型计算单个振动弛豫过程的弛豫时间和弛豫贡献度来进行气体成分的探测。2016 年，胡轶[36]改进了张克声基于主弛豫过程计算弛豫时间的方法，提出利用耦合弛豫时间来进行强弛豫过程混合气体（例如二氧化碳和甲烷）的探测。2017 年，刘婷婷[86]提出了串行并行弛豫理论探测气体的方法。

2.3.2 单一振动弛豫过程模型

单一振动弛豫过程的内自由度能量是温度的函数，该弛豫方程表示为

$$\frac{\mathrm{d}E(T_v)}{\mathrm{d}t} = -\frac{1}{\tau}[E(T_v) - E(T)] \tag{2.13}$$

式中，$\mathrm{d}E$ 表示振动自由度的变化；$E(T_v)$ 和 $E(T)$ 分别表示外界温度 T 和振动温度 T_v 对应的振动自由度能量，τ 表示气体分子在单一振动弛豫过程中从最初平衡状态达到新平衡态的时间。声波扰动下的振动能量差 $E(T_v) - E(T)$ 用振动有效热容 C_V^{eff} 和振动温度与平动温度之差 $(T_v - T)$ 的乘积表示。由此可得到

$$\frac{\mathrm{d}T_v}{\mathrm{d}t} = -\frac{1}{\tau}(T_v - T) \tag{2.14}$$

在简谐声源的作用下，气体受到周期性的压缩和膨胀，温度发生小幅周期性变化，$T_v = T + \Delta T e^{i\omega t}$，代入式（2.14）可得 $\dfrac{\mathrm{d}T_v}{\mathrm{d}T} = \dfrac{1}{1+i\omega t}$，最后获得单一振动弛豫的有效热容表达式

$$C_V^{\mathrm{eff}} = C_V^{\infty} + C_V^* \frac{\mathrm{d}T_v}{\mathrm{d}T} = C_V^{\infty} + \frac{C_V^*}{1+i\omega t}, \quad \omega = 2\pi f \tag{2.15}$$

式中，C_V^* 是与能量迟滞相关的振动热容。根据式（2.15），单一振动弛豫过程的气体热容是一个依赖于声波频率的复数形式。

2.3.3　多振动弛豫过程模型

在现有的气体声弛豫理论中，目前比较完善的是张克声提出的基于振动弛豫的多元混合气体复合弛豫模型，利用该模型预测的声弛豫吸收谱系数与实验数据一致，能够定性和定量地探测气体组分和浓度。下面简要介绍张克声多元混合气体复合振动弛豫模型。

假设混合气体中含有 W 种分子振动模式，N 种气体成分（$W \geq N$），在小幅声波扰动下，该气体的内能为

$$\mathrm{d}E = \sum_{l=1}^{W} a_l C_l^{\infty} \mathrm{d}T + \sum_{j=1}^{N} a_j C_j^{\mathrm{v}} \mathrm{d}T_j^{\mathrm{v}} = C_V^{\mathrm{eff}} \mathrm{d}T, \quad \sum_{l=1}^{W} a_l = 1 \tag{2.16}$$

式中，T 是气体分子的平动温度；C_l^{∞} 是第 l 种气体分子平动与转动自由度的热容和；a_l 和 a_j 分别表示第 l 种气体成分和第 j 个振动模式的摩尔分数；C_j^{v} 是第 j 个振动模式的振动热容；$C_m^{\infty} = \sum_{l=1}^{W} a_l C_l^{\infty}$ 是混合气体的平动和转动热容之和，混合气体的振动有效热容 C_V^{eff} 表达式为

$$C_V^{\mathrm{eff}} = C_m^{\infty} + \sum_{j=1}^{N} a_j C_j^{\mathrm{v}} y_j \tag{2.17}$$

式中，y_j 是第 j 个振动模式的瞬时温度和外自由度（平动和转动）温度变化的比值。张克声[87]将 Dain[80] 三元气体弛豫方程推广到了三元及以上混合气体，通用弛豫方程如下：

$$
\begin{aligned}
\frac{\mathrm{d}\Delta T_j^{\mathrm{v}}}{\mathrm{d}t} = {} & (\Delta T - \Delta T_j^{\mathrm{v}})\left[\frac{1}{\tau_j^{\mathrm{t}}} + \sum_{\substack{k=1\\k \neq j}}^{N} \frac{1}{\tau_{j,k}^{\mathrm{v}}} \frac{1 - \exp(-h\nu_j/k_B T_0)}{1 - \exp(-h\nu_k/k_B T_0)} \right] - \\
& \sum_{\substack{k=1\\k \neq j}}^{N} (\Delta T - \Delta T_k^{\mathrm{v}}) \frac{1}{\tau_{j,k}^{\mathrm{v}}} \frac{\nu_k}{\nu_j} \frac{1 - \exp(-h\nu_j/k_B T_0)}{1 - \exp(-h\nu_k/k_B T_0)}
\end{aligned}
\tag{2.18}
$$

式中，h 是普朗克常量；k_B 是玻尔兹曼常数；T_0 表示平衡态时的温度；ΔT_k^{v} 是小幅声波引起的第 k 个振动自由度温度扰动，ΔT_j^{v} 是小幅声波引起第 j 个振动自由度温度扰动，ΔT 是声波引起的外自由度温度扰动。$1/\tau_{j,k}^{\mathrm{v}}$ 是第 j 个和第 k 个振动模式产生能量转移需要的时间，$1/\tau_j^{\mathrm{t}}$ 是第 j 个振动模式和平动之间发生能量转移需要的时间。ν_j 是第 j 个振动自由度的振动频率；ν_k 表示第 k 个振动自由度的振动频率。

$$\frac{1}{\tau_j^{\mathrm{t}}} = \sum_{l=1}^{W} a_l Z(j,l) \times P_{0-0(l)}^{1-0(j)} \times \left[1 - \exp\left(-\frac{h\nu_j}{k_B T_0} \right) \right], \quad \frac{1}{\tau_{j,k}^{\mathrm{v}}} = a_k Z(j,k) \times P_{0-1(k)}^{1-0(j)}$$

$$\tag{2.19}$$

式中, j, $k = 1$, 2, $\cdots$, N, $j \neq k$; $Z(j, k)$ 表示气体分子 j 和 k 的碰撞速率, 计算表达式如下:

$$Z(j, k) = 2N_k \left(\frac{\sigma_j + \sigma_k}{2} \right)^2 \left[2\pi kT \frac{(m_j + m_k)}{m_j m_k} \right]^{\frac{1}{2}} \tag{2.20}$$

式中, σ_j 是分子 j 的碰撞直径, σ_k 是分子 k 的碰撞直径; N_k 是第 k 个振动模式中气体组分的分子数目; m_j 是 j 分子的摩尔质量, m_k 是 k 分子的摩尔质量。式 (2.19) 中的 $P_{0-1(k)}^{1-0(j)}$ 表示振动与振动弛豫过程的能量转移速率, $P_{0-0(l)}^{1-0(j)}$ 是振动与平动弛豫过程的能量转移速率, 一般用 Tanczo 公式[88] 计算, 即

$$P_{k-l(b)}^{i-j(a)} = P_0(a) P_0(b) \left(\frac{r_c^*}{\sigma} \right)^2 [V^{ij}(a)]^2 [V^{kl}(b)]^2 8 \left(\frac{\pi}{3} \right)^{\frac{1}{2}} \left[\frac{8\pi^3 \mu \Delta E}{(\alpha^* h)^2} \right]^2 \zeta^{\frac{1}{2}} \exp(x) \tag{2.21}$$

式中, $\zeta = \frac{\mu v^{*2}}{2kT} = \left(\frac{\Delta E^2 \mu \pi^2}{2\alpha^{*2} \hbar^2 kT} \right)^{\frac{1}{3}}$, $x = -3\zeta + \frac{\Delta E}{2k_B T} + \frac{\varepsilon}{k_B T}$; $\left(\frac{r_c^*}{\sigma} \right)^2$ 是碰撞参照因子, P_0 是几何空间因子, $[V^{ij}(a)]^2$ $[V^{kl}(b)]^2$ 是表示分子能量级别 i 和 j 跃迁时的振动因子, 式 (2.21) 的剩余部分表示分子碰撞动态能量变化的平动因子, ω_a 和 ω_b 分别代表振动角频率, ΔE 表示在分子碰撞过程中的能量交换, 表达式为 $\Delta E = \hbar\omega_a(i_a - j_a) + \hbar\omega_b(k_b - l_b)$。

式 (2.18) 可以化简为

$$\frac{d\Delta T_j^v}{dt} = (\Delta T - \Delta T_j^v) k_{jj} - \sum_{\substack{k=1 \\ k \neq j}}^{N} (\Delta T - \Delta T_k^v) k_{jk} \tag{2.22}$$

式中, $k_{jk} = \sum_{\substack{k=1 \\ k \neq j}}^{N} \frac{1}{\tau_{j,k}^{vib}} \frac{\nu_k}{\nu_j} \frac{1 - \exp(-h\nu_j / k_B T_o)}{1 - \exp(-h\nu_k / k_B T_o)}$, $k_{jj} = \frac{1}{\tau_j^t} + \sum_{\substack{k=1 \\ k \neq j}}^{N} \frac{1}{\tau_{j,k}^v} \frac{1 - \exp(-h\nu_j / k_B T_o)}{1 - \exp(-h\nu_k / k_B T_o)}$。在小幅度声波传播中, 气体内外自由度的温度在平衡温度 T_0 附近微弱波动, 做周期性的变化 $\Delta T_j^v = (T_j^v - T_0) e^{i\omega t}$, $\Delta T = (T - T_0) e^{i\omega t}$, 代入式 (2.22), 求导、合并变换为

$$y_j(k_{jj} + i\omega) - \sum_{\substack{k=1 \\ k \neq j}}^{N} y_k k_{jk} = k_{jj} - \sum_{\substack{k=1 \\ k \neq j}}^{N} k_{jk} \tag{2.23}$$

式中, $y_j = dT_j^v / dT$, j, $k = 1$, $\cdots$, N, $j \neq k$。将式 (2.23) 写成矩阵形式:

$$\boldsymbol{y} = \boldsymbol{K}^{-1} \boldsymbol{H} \tag{2.24}$$

其中, $K_{jj} = k_{jj} + i\omega$, $K_{jk} = -k_{jk}$, $H_j = k_{jj} - \sum_{k=1}^{N} k_{jk}$, $j \neq k$。求解式 (2.24) 得到 y_j, 从而得到有效热容, 最后可以得到混合气体的声速频散谱和声弛豫吸收谱线的解析计算表达式如下:

$$\alpha_r \lambda = 2\pi \cdot \left\{ \left[\left(\frac{B}{C} \right)^2 + 1 \right]^{\frac{1}{2}} - \frac{B}{C} \right\}, \quad V = \sqrt{2} A^{-1} \left[(B^2 + C^2)^{\frac{1}{2}} + B \right]^{-\frac{1}{2}} \tag{2.25}$$

式中, $A = \sqrt{\dfrac{\rho_0}{P_0 [(x(\omega) + R)^2 + y^2(\omega)]}}$, $B = x^2(\omega) + y^2(\omega) + Rx(\omega)$, $C = Ry(\omega)$。

2.4　现有气体分子振动弛豫理论的瓶颈

现有气体分子振动弛豫理论提供了分子振动弛豫模型和解耦模型，并在探测气体实际应用上取得了一定成绩，但是依然面临着以下问题：

（1）现有气体分子振动弛豫理论仅考虑了气体分子的振动弛豫过程，在常温常压下把分子的转动弛豫看作外部热容即一个常数。由于气体分子转动弛豫和振动弛豫内部机理不同，现有理论只适用于振动弛豫起主导作用的甲烷、二氧化碳、氮气等大部分气体，而不适用于转动弛豫起主导作用的氢气、掺氢混合气体，限制了声学气体传感技术的应用范围。因此，考虑到声学气体探测实用化的目标，迫切需要构建基于分子转动弛豫的氢气理论模型，以及转动弛豫和振动弛豫相结合的复合模型，为掺氢混合气体探测提供理论支撑。

（2）现有的气体分子振动弛豫理论能够解释不同振动模式弛豫能量之间的互相耦合的物理机制，但是无法解释不同转动弛豫过程中的弛豫能量耦合，而该问题是掺氢混合气体弛豫信息提取过程中需要解决的关键问题。因此，对氢气分子转动弛豫过程中的能量转移过程进行有效分析，结合已有的分子振动弛豫解耦模型，构建不同弛豫类型下掺氢混合气体的解耦模型是理论发展中必不可少的环节。

2.5　本章小结

本书的研究对象属于交叉学科，涉及声学、热力学、量子物理、信号处理等知识。本章介绍了理想气体和非理想气体的声传播理论，回顾了声波扰动下气体介质中的声弛豫理论发展，重点介绍了现有的分子振动弛豫模型和解耦模型。最后，本章指出现有的声弛豫理论大部分是分子振动弛豫理论，不适用于以分子转动弛豫为主的氢气，依然面临着不能探测氢气及其掺氢混合气体的瓶颈问题。下一章将在现有的声弛豫理论基础上，构建氢气分子转动弛豫模型，并结合已有的分子振动模型，对掺氢混合气体进行初步的理论探索。

第3章　掺氢混合气体弛豫模型

氢气声弛豫过程主要由氢气分子的转动弛豫决定。然而，当前大部分声弛豫理论模型是基于气体分子振动弛豫的模型，并不适用于氢气。根据这一现状，本章利用理想气体焓变与等压热容的关系，提出一种基于分子转动弛豫的氢气模型，讨论了分子转动弛豫和振动弛豫的相似与不同；并在此基础上，与现有的气体的振动弛豫模型相结合，构建掺氢混合气体的复合弛豫模型；最后对模型进行了验证。本模型为研究掺氢混合气体传感技术提供了一个有效的理论模型。

3.1 氢气转动弛豫理论发展历程

氢气转动弛豫理论的研究至今已有近百年的历史。1946 年 Rhodes[89] 测量了不同温度下氢气、仲氢、正氢、50%正氢–50%仲氢的声速，实验结果显示氢气转动弛豫不是一个单弛豫过程。1953 年 Takayanagi 和 Kishimoto[90,91] 利用扭曲波近似方法计算能量转移概率，通过研究氢气分子转动碰撞机制求出了转动热容。1963 年 Geide[92] 测量了氢气的声弛豫吸收谱系数和声速，他假定在仲氢中存在两个独立的弛豫过程转动能级，分别对应两个独立的弛豫时间 $\tau_{02} = 1.21 \times 10^{-8}$、$\tau_{24} = 2.11 \times 10^{-8}$。Sluijte[93,94] 测量了温度 77K、90K、293K 的声弛豫吸收，结果发现对于仲氢和重气在温度 77K 和 90K 下的弛豫吸收是单弛豫过程，仲氢在温度 170K 下的弛豫频率是 13.5 MHz。1967 年 Winter 和 Hill[95] 利用实验装置获得不同温度下氢气转动弛豫的声速和声弛豫吸收谱系数。1968 年 Valley 和 Amme[96] 用超声干涉仪在室温下测量了氢气、氢气和氦混合气体的声速，求出氢气与氢气分子碰撞的转动弛豫时间是 $\tau = 2.26 \times 10^{-8}$，并指出弛豫时间随着转移能量的增加而增大。1971年，Behnen[97] 通过实验得到二氧化碳与普通氢气、仲氢混合后的声速，研究了二氧化碳与仲氢、正氢之间的振动-转动能量转移过程，结果显示混合气体二氧化碳和正氢之间的分子碰撞速率大约是二氧化碳和仲氢的 2 倍。Raff 和 Winter[98] 研究了氢气、氘气、氮气等气体的转动弛豫时间与温度之间的关系：较高的温度导致较高转动级能下的分子数目增多，在整个弛豫过程中从高的转动级能到低的转动级能的能量转移更为显著，结果表明转动弛豫过程的弛豫时间不能简单地用单个时间常数来表达。1972 年，Bauer 和 Bass[99] 通过求解等容热容，最终得到不同温度下氢气的声弛豫吸收谱曲线，但是无法计算氢气内部组成部分（如正氢和仲氢）的声弛豫吸收谱曲线。Davion[100] 提出了仲氢中两个双原子分子碰撞时转动能量转移理论，并利用量子统计方法获得一个非球形势函数的矩阵表达式。Montero[101,102] 从量子力学能量转移角度计算氢气不同转动级能的转动弛豫时间，但没有涉及氢气的声弛豫计算。上述文献在研究氢气转动弛豫方面取得了一定成果，但是均没有给出一个完整的氢气转动弛豫理论模型，无法与现有的分子振动弛豫理论模型相结合，进行掺氢混合气体探测。下面从分析氢气转动弛豫特点出发，构建一个氢气转动弛豫理论模型，求出声速、声弛豫吸收谱等相关参数，并与现有振动弛豫理论模型相结合构建掺氢混合气体的弛豫模型。

3.2　氢气转动弛豫理论模型

气体的热力学能本质上是分子平动、转动和振动三种运动形式的能量和，在宏观上表现为气体温度的变化。按照分子运动理论，气体分子运动分为平动、转动和振动，也可以分解为多个自由度。分子外自由度一般指分子的平动，分子内自由度指分子的振动和转动。在超声传播过程中，气体声弛豫过程本质上是分子内外自由度的能量转移，以及能量的重新分配。弛豫吸收的大小不仅取决于分子内自由度获得能量的能力，还取决于分子内外自由度相互交换能量的多少。分子内自由度的温度变化滞后于外自由度（声波的）温度变化，从而导致了气体声速频散和声弛豫吸收[103]。有效热容是反映分子内自由度的温度变化跟不上外自由度温度波动的宏观"足迹"，同时也是分子振动、转动模式能量弛豫速率低于外自由度能量弛豫速率的热力学宏观体现。

气体分子的特征温度越低，越容易被激发。表 3.1 比较了普通气体的振动特征温度 θ_v 和转动特征温度 θ_r[96,104,105]。从表 3.1 可以看出，氧气、氮气、一氧化碳气体的转动特征温度很低，一般在 2K 左右；常温与转动特征温度之比 T/θ_r 均大于 100，远大于它们的转动特征温度；常温下转动能级可被激发，对应的转动摩尔比热容接近一个常数。因此，张克声等[59,68,87,103,106] 在气体（除氢气外）分子弛豫过程中，只考虑分子的振动弛豫，把分子的转动弛豫看作一个常数作为外自由度，弛豫过程仅取决于分子的振动热容大小和分子内外自由度的温度变化率。

表 3.1　　　　　　　普通气体的振动特征温度和转动特征温度[96,104,105]

气体种类	转动特征温度	常温 293K 与转动特征温度之比	振动特征温度	振动特征温度与常温 293K 之比
H_2	85	3.4	6140	20.9
D_2	44	6.7	4211	14.3
O_2	2.07	141.6	2260	7.7
Cl_2	0.35	837.1	810	2.8
N_2	2.87	102.1	3380	11.5
CO	2.76	106.2	3120	10.6

从表 3.1 还可以看到，氢气的转动特征温度是 85K，常温与转动特征温度之比 T/θ_r = 3.4，远小于其他气体的 T/θ_r（均大于 100），因此氢气的转动自由度不会被激发，处于被

冻结状态，转动热容不能被看作一个常数。氢气的振动特征温度与常温之比 $\theta_v/T =$ 20.9，约等于其他气体 θ_v/T 的两倍，实际上氢气所有分子均位于它们的最低振动能级上，常温下振动自由度对热容量的贡献近似为零[107-109]。氢气与其他气体在转动弛豫的差别可以体现在分子的碰撞数目上：文献［109］中表 49 显示氢气在温度 288K 和 309.5K 通过计算转动弛豫得到的碰撞数目分别是每秒 300 个和 400 个；而其他气体，如氮气、氧气、空气、甲烷等碰撞数目是每秒 10 个以下。Stewart 等[110]通过测量一个转动频散区域的声速，证明了氢气超过经典弛豫的吸收实际上归功于转动弛豫能量。作为一种特殊物理结构的气体，氢气分子质量小，转动惯量远小于其他气体分子，导致转动能量间隔非常大（其他气体分子的振动能级间距较大，振动弛豫时间远大于转动弛豫时间），能量转移所需时间较长，导致氢气的转动弛豫时间远大于振动弛豫时间。因此，从特征温度、分子碰撞数目、转动能量、弛豫时间等方面来看，氢气弛豫过程主要是由转动弛豫过程决定的，振动弛豫过程可以忽略不计。

普通氢气是一种正氢和仲氢的混合气体，在室温热平衡态下，普通氢气（H_2）大约是一种由正氢（o-H_2）（两个氢原子的核自旋方向相同，自旋量子数 J 相当于奇数值）和仲氢（p-H_2）（两个氢原子的核自旋方向相反，自旋量子数 J 相当于偶数值）组成的混合物。本书研究对象是普通氢气。常温下 p-H_2 转动能级主要集中在 0、2、4 转动能级上面，更高的转动能级例如 6、8、10 占的比重非常小。例如，处于转动能级 6 的分子数目是处于转动能级为 0 的分子数目的 10^{-4}，因此，处于转动能级 6 的分子数目可以忽略不计。p-H_2 中转动能级 6→4 的分子数目只占了 0.2%，比例非常小；同样 o-H_2 转动能级 7→5 的分子数目只占了 0.3%，可以忽略不计。因此在室温下，p-H_2 的转动能量转移主要取决于转动能级 0↔2、4↔2 之间的能量转移，o-H_2 的转动能量转移主要取决于转动能级 3↔5、1↔3 之间的能量转移。H_2 在温度为 300K 时的弛豫过程有两个主要的转移过程：o-H_2 的 1↔3 和 p-H_2 的 0↔2。

3.2.1 氢气转动弛豫过程的有效等容热容

气体分子的内能（也叫做热力学能）是温度的函数，在声源的作用下气体的热力学能变化可表示为如下形式：

$$dU = dU_t(T) + dU_r(T_r) + dU_v(T_v) \tag{3.1}$$

式中，T、T_r 和 T_v 分别表示气体分子平动温度、转动温度和振动温度，U_t、U_r 和 U_v 分别表示气体分子的平动能、转动能和振动能。

由前面的知识可知，氢气的弛豫主要由转动弛豫过程决定，振动弛豫可忽略不计，因此在本节中主要讨论氢气的转动弛豫和有效转动热容的关系。氢气单一转动自由度下的简单弛豫过程和其他气体单一振动自由度下的弛豫过程本质上都是内外自由度能量交换。与振动能类似，转动能也是量子化的，单一转动模式可形成一个简单弛豫过程。该转动模式与外自由度之间的能量转移过程可用弛豫方程表示[111]。单一转动弛豫过程的总有效等容热容公式为

$$dU_r = C_V^\infty dT + C_V^r dT^r = C_V^{eff} dT \tag{3.2}$$

式中，C_V^∞、C_V^r、C_V^{eff} 分别表示气体分子的平动等容热容、转动等容热容、有效等容热容，

T_r 分别为分子转动的瞬态温度。对式（3.2）求导：

$$-\frac{dU_r(T_r)}{dt} = \frac{1}{\tau}\{U_r(T_r) - U_r(T)\} \tag{3.3}$$

式中，$U_r(T)$ 和 $U_r(T_r)$ 分别表示相应温度下该转动模式的能量；τ 为弛豫时间。理想气体的热力学能等于温度变化乘以气体的有效等容热容，在平衡态温度 T 附近的小范围波动时公式如下：

$$U_r(T_r) - U_r(T) = C_V^r(T_r - T) \tag{3.4}$$

式中，分子转动的等容热容 C_V^r 可用以下公式计算：

$$C_V^r = \frac{R}{Q}\left\{\sum_J (2J+1)[\sigma J(J+1)]^2 e^{-\sigma J(J+1)} - \frac{1}{Q}\left[\sum_J(2J+1)\sigma J(J+1) e^{-\sigma J(J+1)}\right]^2\right\} \tag{3.5}$$

式中，$Q = \sum_J (2J+1)e^{-\sigma J(J+1)}$ 为配分函数，$\sigma = h^2/(8\pi^2 IKT)$，$J$ 表示转动级能。

由式（3.3）和式（3.4）可得到以温度为变量的弛豫方程如下：

$$-\frac{dT_r}{dt} = \frac{1}{\tau}(T_r - T) \tag{3.6}$$

式（3.6）说明温度变化可以表示内外自由度的能量转移。在小幅声波的扰动下，$T_r - T$ 随时间小幅度的周期性变化，与 $e^{i\omega t}$ 成正比。运算符 d/dt 等于与 $i\omega$ 相乘，则式（3.6）可变形为

$$\frac{dT_r}{dT} = \frac{T_r - T}{T - T} = \frac{1}{1 + i\omega\tau} \tag{3.7}$$

单一转动弛豫过程有效等容热容表示为

$$C_V^{eff} = C_V^\infty + C_V^r \frac{dT_r}{dT} = C_V^\infty + \frac{C_V^r}{1 + i\omega\tau} \tag{3.8}$$

多个转动弛豫过程的有效等容热容表达式为

$$C_V^{eff} = C_V^\infty + \sum_{J=0}^{M} \frac{C_{VJ}^r}{1 + i\omega\tau_J} \tag{3.9}$$

式（3.8）和式（3.9）中 C_V^∞ 是平动热容，也叫做外自由度热容。在小幅度声波扰动下，分子转动的弛豫过程导致气体热容成为一个依赖于声频率的复数形式，求解单一或者多个转动弛豫过程的有效等容热容的关键是求解式（3.7）中弛豫时间 τ，量子力学里面计算弛豫时间 τ 的公式如下：

$$\tau^{-1} = \frac{nk_B}{C^r} \times \left[\alpha_a\alpha_a \sum_i \sum_j \sum_{\ell \le m} \sum_m Q_{ij\ell m}(\varepsilon_i + \varepsilon_j - \varepsilon_\ell - \varepsilon_m)^2 P_\ell P_m k_{ij \to \ell m}^{ind} + 2\alpha_a\alpha_b \sum_s \sum_i \sum_u \sum_\ell (\varepsilon_s + \varepsilon_i - \right.$$
$$\left. \varepsilon_u - \varepsilon_\ell)^2 P_u P_\ell k_{u\ell \to si}^{dis} + \alpha_a\alpha_b \sum_r \sum_s \sum_{t \le u} \sum_u Q_{rstu}(\varepsilon_r + \varepsilon_s - \varepsilon_t - \varepsilon_u)^2 P_t P_u k_{tu \to rs}^{ind}\right] \tag{3.10}$$

$$k_{ij\ell m}^{ind}(T) = \frac{v_c}{k_B T}\int_{E_{min}}^{\infty} \frac{F_{ij\ell m}\,\sigma_{ij\to\ell m}^{ind}}{\exp(E/k_B T)} E dE$$

通过式（3.10）可以计算得到转动弛豫时间 τ，从而计算出有效等容热容。以上的

推导基于内能改变获得有效等容热容 $\mathrm{d}U = \int_{T_1}^{T_2} C_V \mathrm{d}T$，由于式（3.10）计算涉及很多未知参数，而且转移概率 $k_{ij \to \ell m}^{ind}$ 是关于时间的函数，需要积分，导致增加了计算的复杂性和难度。

3.2.2 氢气转动弛豫过程的有效等压热容

对于理想气体，等压过程的态函数 H 与等容过程的态函数 U 的地位相当[112]。焓变与等压热容之间的关系为 $\mathrm{d}H = \int_{T_1}^{T_2} C_P \mathrm{d}T$，只要知道了理想气体系统的内能或熵、焓之间的关系，就可以求出焓变。由焓的定义和亚美格定律可知，理想混合气体的焓可以线性叠加，氢气的焓表示为分子平动、转动、振动产生的焓各部分构成：

$$H = H(T) + H(T_r) + H(T_v) \tag{3.11}$$

式中，$H(T)$、$H(T_r)$、$H(T_v)$ 分别表示分子的平动、转动、振动焓；T、T_r、T_v 分别表示平动、转动、振动时对应的瞬时温度。

由焓变与比热容之间的关系 $\mathrm{d}H = C_P \mathrm{d}T$，将式（3.11）求导得到

$$\mathrm{d}H = C_P^t \mathrm{d}T + C_P^r \mathrm{d}T_r + C_P^v \mathrm{d}T_v \tag{3.12}$$

式中，C_P^t 和 C_P^v 分别表示氢气平动和振动的等压热容；C_P^r 是氢气转动弛豫的等压热容[91,102]，计算 C_P^r 的公式如下：

$$C_P^r = E_J \frac{\mathrm{d}N_J}{\mathrm{d}T_r}, \quad J = 0,\ 1,\ 2,\ \cdots,\ M \tag{3.13}$$

式中，N_J 分别表示转动能级 J 状态下的分子数目；$E_J = J(J+1)h/(8\pi^2 \mu r_e^2)$ 是氢气的转动级能，其中 $J=0$ 表示基态，$J=0$，1，2，3，$\cdots$，M 表示转动能级所处的量子数，h 表示普朗克常数，$\mu = m_1 m_2/(m_1 + m_2)$ 表示折合质量（m_1 和 m_2 是转动中两个原子的质量），r_e 是两个原子之间的距离。将式（3.12）变形得到

$$\mathrm{d}H = \left(C_P^t + C_P^r \frac{\mathrm{d}T_r}{\mathrm{d}T} + C_P^v \frac{\mathrm{d}T_v}{\mathrm{d}T} \right) \mathrm{d}T \tag{3.14}$$

将有效热容看作一个整体，得到

$$C_P^{\mathrm{eff}} = C_P^t + C_P^r \frac{\mathrm{d}T_r}{\mathrm{d}T} + C_P^v \frac{\mathrm{d}T_v}{\mathrm{d}T} \tag{3.15}$$

常温下氢的振动弛豫强度远低于转动弛豫强度，可忽略不计，所以式（3.15）可以近似等于

$$C_P^{\mathrm{eff}} = C_P^t + C_P^r \frac{\mathrm{d}T_r}{\mathrm{d}T} \tag{3.16}$$

将式（3.13）代入式（3.16）得到

$$C_P^{\mathrm{eff}} = C_P^t + \frac{E_J \mathrm{d}N_J}{\mathrm{d}T}, \quad J = 0,\ 1,\ 2,\ \cdots,\ M \tag{3.17}$$

从式（3.17）可以看出，转动弛豫的有效等压热容变化主要由转动能级 J 状态下的分子数目 N_J 随温度的变化率决定。

在常温下 o-H_2 和 p-H_2 含有多种转动自由度，可认为其外自由度温度变化相同；而各

转动自由度下的温度变化和各转动能级所含的分子数目不同。类比振动模式，氢气焓的变化可由单一转动自由度下的式（3.17）推广得到

$$C_P^{\mathrm{eff}} = C_P^{\mathrm{t}} + \sum_{J=0}^{M} b_n \frac{E_J \mathrm{d}N_J}{\mathrm{d}T} \tag{3.18}$$

式中，b_n 表示 p-H_2 和 o-H_2 所占的摩尔分数。例如，在常温下 $C_P^{\mathrm{t}} = 3R/2$，则 p-H_2 的摩尔分数 $b_n = 1/4$，o-H_2 的摩尔分数 $b_n = 3/4$。普通氢气的组成是 $H_2 = \frac{1}{4}$ p-$H_2 + \frac{3}{4}$ o-H_2，代入式（3.18）计算普通氢气的 C_P^{eff} 公式如下：

$$C_P^{\mathrm{eff}} = \frac{3}{2}R + \frac{1}{4}\sum_{2J} \frac{E_J \mathrm{d}N_J}{\mathrm{d}T} + \frac{3}{4}\sum_{2J+1} \frac{E_J \mathrm{d}N_J}{\mathrm{d}T}, \quad J = 0,\ 1,\ 2,\ \cdots,\ M \tag{3.19}$$

3.2.3　能量转移概率和复合转动弛豫频谱的表达式

气体的振动能量转移包含 V-V（振动模式-振动模式）和 V-T（振动模式-平动模式），而转动能量转移有 J-J（转动模式-转动模式）和 J-T（转动模式-平动模式）。类似于 V-T 和 V-V 能量转移，J-J 和 J-T 转动碰撞数目将随着转动级能能量差的增加而快速增加，随着温度的增加而减小。氢气转动弛豫过程中单个转动级能的转移概率，处理方法本质上和振动过程一样。表 3.2 表示氢气在温度 300K 时部分转动级能的转动能量和分子数目百分比。根据表 3.2，氢气转动弛豫内部能量转换过程举例如下：

p-$H_2(J=2)$ + p-$H_2(J=2)$ → p-$H_2(J=0)$ + p-$H_2(J=4)$ − 473 cm^{-1} (J-J)

p-$H_2(J=0)$ + p-$H_2(J=0)$ → p-$H_2(J=2)$ + p-$H_2(J=0)$ − 353 cm^{-1} (J-T)

表 3.2　　　　　　　　　氢气在温度 300K 下的转动能量和分子数目百分比

气体	J	百分比[113]（%）	能量[114] $J \to J' = \Delta$cm^{-1}
p-H_2	0	51.4	2→0 = 353
	2	47.0	4→2 = 826
	4	1.6	6→4 = 1294
o-H_2	1	87.8	3→1 = 586
	3	12.1	5→3 = 1062
	5	0.1	7→5 = 1530

假定常温下 H_2 有两种转动能级 I 和 J，不同的 I、J 值对应着不同的转动能级，$E_J - E_I$ 表示它们的能级能量之差。设 N_I、N_J 分别表示 I、J 转动能级状态下的分子数目；k_{IJ} 和 k_{JI} 分别表示转动能级从 $I \to J$、$J \to I$ 能量转移概率，单位为每秒每分子。在空间上对于每一个转动能级 J，转动角动量有 $2J + 1$ 个取向方位，表示 $2J + 1$ 个的转动量子态，因此转动能级的简并度是 $g_J = 2J + 1$。转动自由度 $g_I = 2I + 1$ 和 $g_J = 2J + 1$ 分别是能级 I 和 J 对应的简并度，分子出现在两个能级 E_I 和 E_J 上的比率是 g_I/g_J，详细表示如下：

$$\frac{g_I}{g_J} = \frac{2I+1}{2J+1} \exp^{\frac{E_J-E_I}{KT}} \tag{3.20}$$

转动能量转移概率方程表示如下[98]：

$$k_{IJ} = N(\pi\sigma^2 P)\left(\frac{8KT}{\pi\mu}\right)^{1/2} \exp^{\frac{\beta^2(E_I-E_J)}{KT}} \tag{3.21}$$

式中，P 为气体压强，σ 表示直径（将转动看作一个刚性的硬球），β 表示为可调比例常数。

$$\frac{dN_J}{dt} = \sum_{J=0;\ J\neq I}^{M}(k_{IJ}N_I - k_{JI}N_J) \tag{3.22}$$

其中，M 表示需要考虑的转动能级状态总数。在平衡状态时没有分子转移，因此 $\frac{dN_J}{dt} = 0$，将该结果代入式（3.22），等式右边 $k_{JI} = \frac{N_I}{N_J}k_{IJ}$。在外界扰动下，转动弛豫过程中温度 T 和各转动能级分子数目 N_J 发生周期性变化[115][116]：$T = T_0 + \Delta T e^{i\omega t}$、$N_J = N_J^0 + \Delta N_J e^{i\omega t}$、$N_I = N_I^0 + \Delta N_I e^{i\omega t}$。对 N_I、N_J 求导，然后对 T 求导，得到总能量转移概率计算式：

$$\left(i\omega + \sum_J k_{IJ}\right)\frac{dN_I}{dT} - \sum_J k_{JI}\frac{dN_J}{dT} = \frac{N_I}{KT^2}\sum_J k_{IJ}(E_I - E_J),\quad I, J = 0, 1, 2, \cdots, M \tag{3.23}$$

令 $y_J = \frac{dN_J}{dT}$，将式（3.23）写成矩阵形式

$$y = K^{-1}H,\quad K_{IJ} = k_{IJ} + i\omega,\quad K_{JI} = k_{JI},$$

$$H_J = \frac{N_I}{KT^2}\sum_J k_{IJ}(E_I - E_J),\quad I, J = 0, 1, 2, \cdots, M \tag{3.24}$$

由式（3.24）可以计算得到以 ω 为变量的 y，将其代入式（3.18），就可以求出氢气的等压热容 C_P^{eff}。将式（3.17）、式（3.18）、式（3.23）、式（3.24）与张克声[87]振动弛豫过程的热容式（8）、式（11）、式（17）、式（18）对比，可以看到本章有效等压热容和张克声[87]有效等容热容有很多相似之处，原因在于它们的弛豫过程都是来源于分子的内外自由度能量交换。但是本章的有效等压热容的变量部分是转动能级分子数目与温度变化率之比 $y_J = dN_J/dT$，是分别对温度、分子数目两次求导得到，而张克声[87]的等容热容的变量部分来自内外自由度的温度变化率之比 $y_j = dT_j^{vib}/dT$，只对温度进行求导，这说明氢气分子的转动弛豫过程与其他气体振动弛豫过程有一定的不同。

3.3 掺氢混合气体弛豫模型

求解氢气与其他气体混合的总有效等压热容，需要对氢气和其他混合气体分开求解。首先按照张克声的方法[87]求出其他气体的总有效热容 C_V^{eff}，通过公式 $C_P^{eff} = C_V^{eff} + R$ 转换为等压热容，然后代入总的有效等压热容公式：

$$C_{PM}^{eff} = b_m C_{PH}^{eff} + (1 - b_m)(C_V^{eff} + R) \tag{3.25}$$

式中，b_m 是氢气在总混合气体中所占的浓度比例，C_{PH}^{eff} 是氢气的总有效等压热容。式（3.25）展开如下：

$$C_{PM}^{\text{eff}} = b_m \left(\frac{3}{2}R + \sum_{J=0}^{M} b_n E_J \frac{\mathrm{d}N_J}{\mathrm{d}T} \right) + (1 - b_m) \left(\sum_{l=1}^{W} a_l C_l^{\infty} + \sum_{j=1}^{N} a_j C_j^{\text{vib}} \frac{\mathrm{d}T_j^{\text{vib}}}{\mathrm{d}T} + R \right) \quad (3.26)$$

式中，b_m 表示氢气中正氢和仲氢所占的摩尔分数；a_l 表示去掉氢气后混合气体第 l 种气体成分的摩尔分数；C_l^{∞} 为去掉氢气后混合气体第 l 种气体成分的外自由度热容；a_j 表示去掉氢气后混合气体第 j 个振动过程的摩尔分数，C_j^{vib} 为去掉氢气后混合气体中第 j 个振动过程的摩尔分数；$\mathrm{d}T_j^{\text{vib}}/\mathrm{d}T$ 是第 j 个振动过程与外自由度的温度变化率之比。

声波在气体中传播时的有效热力学声速平方 $\tilde{V}^2(\omega)$ 为：

$$\tilde{V}^2(\omega) = \frac{P_0}{\rho_0} \frac{C_P^{\text{eff}}}{C_P^{\text{eff}} - R} \quad (3.27)$$

式中，$\tilde{V}(\omega)$ 为有效热力学声速，P_0 和 ρ_0 为平衡态时的压强和密度。如果是混合气体，将式（3.27）中的 C_P^{eff} 换成 C_{PM}^{eff}。

热力学的有效声速 $\tilde{V}(\omega)$ 和有效角波数 k_e 之间的关系如下：

$$k_e = \frac{\omega}{V} - \mathrm{i}\alpha_r = \frac{\omega}{\tilde{V}(\omega)} \quad (3.28)$$

式中，k_e 为有效波数，ω 为角频率，V 和 α_r 分别为依赖于频率的声速和声弛豫吸收系数，i 表示复数。

由于式（3.17）的 $\mathrm{d}N_J/\mathrm{d}T$ 是个复数，类似于 $1/(1 + \mathrm{i}\omega\tau)$，将 C_P^{eff} 写为复数形式，令 $C_P^{\text{eff}} = x(\omega) - \mathrm{i}y(\omega)$，则 $x(\omega)$ 和 $y(\omega)$ 的表示形式如下：

$$x(\omega) = C_P^{\text{t}} + \frac{E_J}{1 + (\omega\tau)^2}, \quad y(\omega) = \frac{\omega\tau E_J}{1 + (\omega\tau)^2} \quad (3.29)$$

将式（3.29）代入式（3.27）和式（3.28），可得到无量纲的声弛豫吸收系数 $\alpha_r\lambda$ 和声速 V 频散表达式：

$$\alpha_r\lambda = -2\pi \left(\sqrt{1 + \left(\frac{x^2(\omega) + y^2(\omega) - Rx(\omega)}{Ry(\omega)} \right)^2} - \frac{x^2(\omega) + y^2(\omega) - Rx(\omega)}{Ry(\omega)} \right)$$

$$(3.30)$$

$$V^2 = 2 \frac{\rho_0}{P_0} \frac{x(\omega)^2 + y^2(\omega)}{[Ry(\omega)]^2} \cdot \left\{ \sqrt{[x^2(\omega) + y^2(\omega) - Rx(\omega)^2] + [Ry(\omega)^2]} - [x^2(\omega) + y^2(\omega) - Rx(\omega)] \right\}$$

$$(3.31)$$

3.4 模型验证

3.4.1 声弛豫吸收理论曲线与实验数据对比

为了验证本章提出的氢气转动弛豫模型的正确性，将其得到的声弛豫理论曲线与实验数据进行比较。由于弛豫时间与气体压强成反比变化，因此本研究将声弛豫吸收谱系数、转动等压热容和声速频散在 x 轴上用频率–气体压强比 f/p 以对数刻度作图。在温度为 295K、压强为 1atm 的环境下，图 3.1 是 H_2 本模型所产生的理论曲线与其他文献实验数据的比较图，"。" 是 Winter[95] 在相同环境下获得 H_2 声弛豫吸收的实验数据，实线、虚线分别表示本章模型、Bauer[117] 在相同环境下所产生的 H_2 声弛豫理论曲线，短虚线是利用 Raff[98] 动力学分子碰撞理论生成的曲线。从图 3.1 可以看出，Bauer[117] 基于内能改变产生的等容热容模型求解得到的虚线，在峰值点与实验数据有 6% 左右误差；虽然 Raff[98] 生成的声弛豫吸收曲线（虚线）的峰值点与实验数据大约有 2% 误差，但是曲线峰值点对应的频率与实验数据的弛豫频率大约有 70% 误差。本章弛豫模型生成理论曲线峰值点数值与 Raff[98] 的长短虚线峰值点更接近，峰值点的频率与 Bauer[117] 曲线相符，更能反映实验数据的分布，弥补了两者理论的不足，验证了本章基于焓变的氢气等压热容模型的有效性。

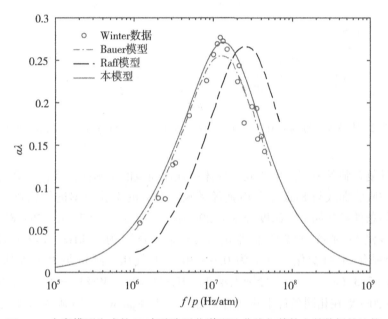

图 3.1 本章模型生成的 H_2 声弛豫吸收谱理论曲线与其他文献数据的比较

图 3.2 "。" 和 "☆" 分别为 Sluijter[93] 获得 H_2 和 p-H_2 的声弛豫谱吸收系数实验数据，实验环境：温度 293K、压强为 1atm。实线和虚线分别是由本章模型在相同温度下生成的 H_2 和 p-H_2 声弛豫理论曲线。由于 Sluijter[93] 的实验数据是 α/f，不是无量纲声弛豫系数 $\alpha\lambda$，为了统一起见，本章对 Sluijter[93] 的实验数据 α/f 乘以氢气的实验声速 V（此声速来自 Sluijter[93] 的实验数据），H_2 的声速为 $V=1306\text{m/s}$ 和 p-H_2 的声速为 $V=1302\text{m/s}$。从图 3.2 可以看出，本章模型生成的声弛豫曲线均与 H_2、p-H_2 实验数据吻合，再次验证了本章模型的有效性。在实线峰值点的左边，在同一频率 3.68 MHz 下，H_2 的实验数据和 p-H_2 的实验数据最大有 7.8% 误差；在实线峰值点的右边，在同一频率 55 MHz 下，p-H_2 的实验数值比 H_2 大约有 17% 的误差。虽然 H_2 与 p-H_2 相比有更多的转动能级，但由推测可知，随

着频率增大，p-H$_2$比 H$_2$的弛豫过程更活跃。

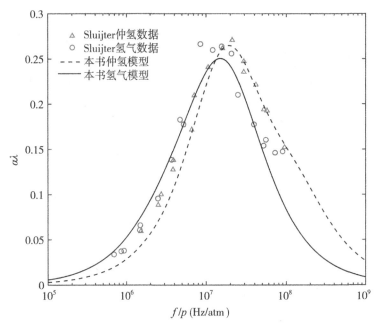

图 3.2　本章模型得到的 H$_2$、p-H$_2$声弛豫吸收谱曲线与 Sluijter[93]实验数据的比较

为了验证复合弛豫模型产生的混合气体声弛豫曲线的正确性，将普通氢气和氮气混合气体的声弛豫吸收曲线与 Ejakov[55]声弛豫谱吸收系数的实验数据进行比较。Ejakov[55]实验环境和具体条件参数如下：温度分别为 298.6K、298.2K、297.9K、297.8K（压强为一个大气压）；测量时超声波换能器的工作频率分别为 92kHz、149.1kHz、215kHz、1000kHz，压强有 11 组变化，范围为 0.6~30 个大气压，测量距离范围从 0.762cm 到 19.812cm。图 3.3（a）~（d）分别表示 20%H$_2$-80%N$_2$、40%H$_2$-60%N$_2$、60%H$_2$-40%N$_2$、80%H$_2$-20%N$_2$在相同条件下声弛豫理论曲线与 Ejakov[55]声弛豫谱吸收系数实验数据的对比。图 3.3 实验数据取自 Ejakov[55]普通氢气和氮气混合气体的实验数据大于零的数值。由图 3.3 可以看出，对于普通氢气和氮气混合气体，当 H$_2$摩尔分数为 20%、40%、60%、80%时，由本章复合弛豫模型所产生的声弛豫理论曲线与实验数据在低频阶段相符。由于高频阶段的实验装置难度很大，Ejakov[55]并没有测量高频阶段的氮气、掺氢混合气体实验数据。通过本章复合弛豫模型，能够得到高频部分的不同浓度氮气、掺氢混合气体的声弛豫理论曲线，弥补了实验无法测量的不足。由图 3.3 还可以看到，20%H$_2$-80%N$_2$、40%H$_2$-60%N$_2$、60%H$_2$-40%N$_2$、80%H$_2$-20%N$_2$混合气体中，随着氢气含量的增加，$\alpha\lambda$ 的峰值点幅度依次增大，峰值点所对应的特征弛豫频率逐渐右移，这与其他气体表现出来的弛豫性质是一样的。通过这个性质，可以定量地检测普通氢气和氮气混合气体的浓度。

从图 3.1 和图 3.3 可以看出，由本章模型生成的不同温度下 H$_2$、p-H$_2$的声弛豫吸收

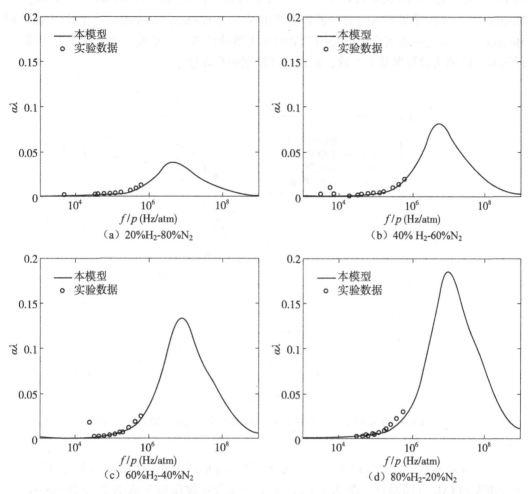

图 3.3　本模型生成的不同浓度混合气体 H_2-N_2 的声弛豫吸收曲线与 Ejakov 的实验数据对比

理论曲线以及复合弛豫模型生成的氢和氮混合气体的声弛豫吸收理论曲线均与实验数据相符，说明本章基于转动模式的声弛豫模型无论对 H_2、p-H_2 以及普通氢气和氮气混合气体都是有效的，且 o-H_2 的声弛豫曲线可以用 $H_2 = 3/4$ o-$H_2 + 1/4$ p-H_2 之间的关系得到。

3.4.2　理论声速与实验数据对比

为了验证本章模型得到的 H_2 声速的正确性，将其产生的声速理论曲线与实验数据进行对比，压强均为一个大气压。由于 Winter[95] 和 Valley[96] 测量得到氢气声速实验数据是声速的平方，本章图中绘制的是声速平方曲线，为了统一，本文对 Minami[107] 的氢气声速数据进行了平方处理。图 3.4 中"△"和"○"分别取自 Winter[95] 温度为 295K、Valley[96] 温度为 300K 时 H_2 的声速实验数据；图 3.4 中的"◇"取自 Minami[107] 温度为 300K 时 H_2 的声速实验数据；虚线和实线分别是本章模型在温度为 295K 和 300K 时所产生

的 H_2 声速曲线。从图 3.4 可以看出，本模型得到的声速曲线和 Winter[95]、Valley[96]、Minami[107] 的实验结果基本吻合。值得指出的是，与 Winter[95]、Valley[96] 测量方法不同，Minami[107] 的氢气声速实验数据是用光谱的方法测量得到，本章模型的声速平方曲线与不同测量方法的实验数据基本一致，验证了该模型的有效性。

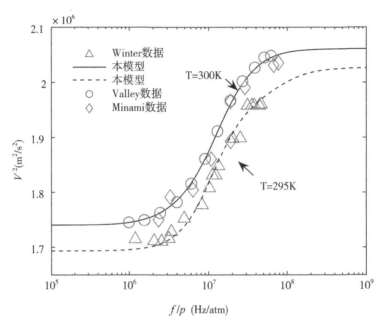

图 3.4　本章模型生成的 H_2 声速频散谱曲线与文献实验数据的对比

为了验证本章复合弛豫模型生成的混合气体声速曲线的正确性，将 p-H_2 和 H_2 分别与不同浓度的 CO_2 气体混合。图 3.5（a）是本章复合弛豫模型生成的 2%p-H_2-98%CO_2 和 5%p-H_2-95%CO_2 混合气体与 Behnen[97] 声速实验数据的对比图。实验环境相同：温度 T = 303.15K、压强为 1atm。其中"+"和"◇"分别为 Behnen[97] 2%p-H_2-98%CO_2 和 5%p-H_2-95%CO_2 声速实验数据；"+"和"◇"对应的实线分别是本章模型在 2%p-H_2-98%CO_2 和 5%p-H_2-95%CO_2 生成的声速曲线。由图 3.5（a）可以看出，本章复合弛豫模型生成的 2%p-H_2-98%CO_2 声速曲线与实验数据十分吻合，而 5%p-H_2-95%CO_2 的声速曲线有 1.2% 左右的相对误差。2%p-H_2-98%CO_2 的声速比 5%p-H_2-95%CO_2 数值低，是因为氢气声速高，氢气在混合气体含量越多，混合气体的声速越高。

图 3.5（b）是 2%H_2-98%CO_2 和 5%H_2-95%CO_2 混合气体与 Behnen[97] 的声速曲线对比，实验环境同图 3.5（a）一样。"*"和"☆"分别为 Behnen[97] 实验测量得到 2%H_2-98%CO_2、5%H_2-95%CO_2 声速实验数据；"*"和"☆"对应的实线分别是本章模型生成的 2%H_2-98%CO_2、5%H_2-95%CO_2 声速曲线。与图 3.5（a）比较，图 3.5（b）中复合弛豫模型生成的声速曲线与实验数据误差稍大：2%H_2-98%CO_2 的最大相对误差为 1.5%，5%H_2-95%CO_2 的最大相对误差为 2%，但两者均在误差范围之内。图 3.5（a）和图 3.5

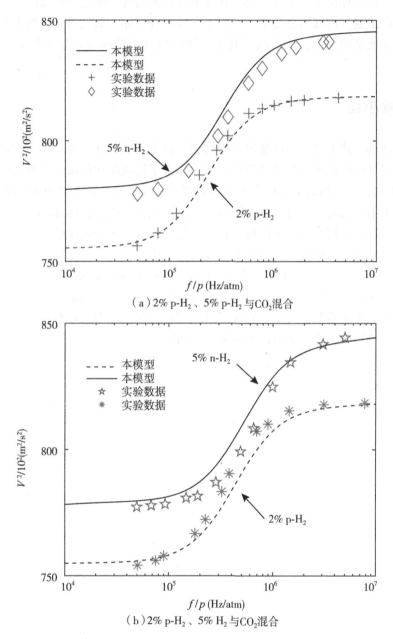

（a）2% p-H$_2$、5% p-H$_2$与CO$_2$混合

（b）2% p-H$_2$、5% H$_2$与CO$_2$混合

图 3.5　本章模型生成不同浓度 p-H$_2$、H$_2$ 与 CO$_2$ 混合气体声速频散谱曲线与实验数据对比

（b）的曲线分布情况大体一致，所不同的只是气体成分不同。其中，图 3.5（a）2% p-H$_2$-98%CO$_2$的声速曲线和图 3.5（b）2%H$_2$-98%CO$_2$的声速曲线在数值上大小相近，5%p-H$_2$-95%CO$_2$和5%H$_2$-95%CO$_2$表现出相同的特征。

从图 3.1 至图 3.5 中可以看出，由本章氢气转动弛豫模型和掺氢混合气体复合弛豫模型产生的声吸收系数、声速曲线均与实验数据相符，从不同角度验证了两个模型的正确性和有效性。从弛豫理论角度来看，氢气和其他气体所表现出的宏观弛豫特性是一样的，唯一不同之处在于氢气内部组分复杂，类似于多种混合气体。氢气的微观弛豫主要体现在分子转动弛豫和能量的交换，而大部分其他气体的微观弛豫体现在分子振动弛豫和能量交换。

3.5 本章小结

本章对转动模式下氢气的声弛豫过程进行了研究，提出了一个氢气转动声弛豫模型，能够计算出氢气的声弛豫吸收谱和声速，从而克服了传统振动弛豫模型不能适用于氢气的不足。与 Rhodes[89]、Takayanagi[91] 所提出的理论公式只分析 p-H_2 的转动热容不同，本模型可以计算出 H_2、p-H_2、o-H_2 等不同类型氢气的热容。相较于 Davison[118]、Montero[102] 的量子计算方法，本模型方法更简便。在本章提出的氢气转动弛豫模型的基础上，与传统振动弛豫模型相结合，构建了振动和转动复合弛豫模型，可以预测掺氢混合气体的声弛豫吸收谱和声速频谱。该复合弛豫模型不仅能够与 Winter 和 Hill[95]、Sluijter 等[93]、Geide[92]、Minami 等[119] 测量氢气的实验数据吻合，而且还与 Ejakov 等[55]、Behnen 等[97] 测量掺氢混合气体实验数据一致，验证了该模型的有效性，为掺氢混合气体传感技术提供了理论支持，也解决了第 1.3 节提出的第一个问题。

第4章 掺氢混合气体弛豫解耦模型

针对第 3 章掺氢混合气体弛豫模型不能有效分析转动和振动弛豫贡献，而且二氧化碳和掺氢混合气体的声速频散谱曲线与理论曲线最大相对误差为 2% 左右，不能应用于高精度探测场合，本章构建了掺氢混合气体的解耦模型。

4.1 解耦氢气转动弛豫模型

根据 Dain 等人提出的气体声学金字塔结构[37]，探测气体是一个从顶部到底部的逆向问题，这意味着气体分子的声学弛豫特性可以通过解耦模型获得。在声传播过程中，气体的声弛豫本质上是分子弛豫，是外部分子自由度（平动）和内部分子自由度（转动和振动）能量交换的结果。基于内部分子自由度能量交换的不同来源，将分子弛豫理论分为两类：分子振动弛豫和分子转动弛豫。在振动弛豫理论中，对于大多数气体，分子振动弛豫在整个弛豫过程中占主导地位[108,109]。为了研究振动弛豫的机理，研究者基于现有文献中振动弛豫理论模型和实验数据，提出了一些解耦振动弛豫理论。例如，Baue 等[78]通过能量弛豫矩阵的特征方程来解耦振动级能之间能量交换。Shields 等[120]在弛豫时间实验数据的基础上，解耦混合气体 CO_2-H_2O 多模式振动弛豫。Dain 等[80]提出了对振动-振动模式耦合的声弛豫吸收谱系数的数值计算方法。张克声[103]将混合气体的多振动模式弛豫过程解耦为单弛豫过程，完成了从微观分子振动弛豫到宏观声学弛豫现象的反向推导。上述这些已有的解耦方法在分析多振动弛豫过程和探测大部分气体例如二氧化碳、氧气、氮气氯气和甲烷是有效的。然而，它们仅仅聚焦在气体的振动弛豫解耦方面，不能应用在具有显著转动弛豫过程的氢气及其掺氢混合气体探测方面。

在氢气转动弛豫理论方面，Rhodes[89]提出仲氢有两个转动弛豫，并且在低温下通过测量声速发现，只有发生在转动级能 0 和 2 之间的能量转移过程是重要的。Montero[102]通过求解薛定谔方程获得了转动弛豫时间的计算公式。Bauer[117]通过声学测量确定了转动能量转移速率，并计算普通氢气的声弛豫吸收谱系数和声速频散。上述工作虽然分析了氢气弛豫过程的部分机制，然而尚未探讨氢气整个转动弛豫过程与单个转动弛豫过程之间的关系，在目前的研究中还未有对氢气分子转动弛豫模型进行解耦的探讨。第 3 章构建了氢气的转动弛豫理论模型，该研究为计算氢气的声速频散谱和声弛豫吸收谱系数提供了有效的方法，但是最终复合模型生成的氢气与二氧化碳混合气体的声速频散谱曲线与实验数据最大相对误差为 2% 左右。为了高精度探测掺氢混合气体，分析氢气的多转动弛豫过程内部机理，本章将第 3 章氢气的多转动弛豫过程解耦为单转动弛豫过程，然后将解耦的氢气转动弛豫模型与现有的振动弛豫模型相结合，构建复合弛豫解耦模型，进行掺氢混合气体探测。

4.1.1　氢气有效热容的解耦

将第 3 章的氢气转动弛豫的代数弛豫方程式（3.24）$y = K^{-1}H$ 变形为矩阵形式如下：

$$(\mathrm{i}\omega I + B)y = H \tag{4.1}$$

式中，I 代表单位矩阵，ω 是角频率；$y_J = \mathrm{d}N_J/\mathrm{d}T$，$H_J = \dfrac{N_I}{KT^2} \sum_J k_{IJ}(E_I - E_J)$，$B_{IJ} = k_{IJ}$，$B_{JI} = k_{JI}$。$B$ 是氢气转动能量转移概率矩阵，在大部分情况下 B 可以被对角化，分解为 $B = V\Lambda V^{-1}$。其中 Λ，V 和 V^{-1} 分别是 B 的特征值矩阵、特征向量矩阵和逆矩阵。将单位矩阵 $I = VV^{-1}$ 代入式（4.1）可得

$$(\mathrm{i}\omega \Lambda^{-1} + I)\,y' = H' \tag{4.2}$$

式中，$y' = V^{-1}y$，$H'_J = \Lambda^{-1} V^{-1} H$。将式（4.2）变形为：

$$(1 + \mathrm{i}\omega\lambda_J^{-1})\,y'_J = h'_J, \quad J = 1, 2, \cdots, M \tag{4.3}$$

式中，λ_J 是矩阵 B 第 J 个特征值；令 $h'_J = \lambda_J^{-1} \sum\limits_{k=1}^{M} V'_{Jk} h_k$，$y'_J = \sum\limits_{k=1}^{M} V'_{Jk} y_k$ 分别是矩阵 H' 和 y' 一个元素，V'_{Jk} 是 V^{-1} 的一个元素，则式（4.3）重写为 $y'_J = h'_J/(1 + \mathrm{i}\omega\lambda_J^{-1})$，$J = 0, 1, 2, \cdots, M$。将 $y' = V^{-1}y$ 变形为 $y = Vy'$，则氢气内部自由度分子数目变化率 y_J 的数值解可得

$$y_J = \sum_{m=0}^{M} \frac{V_{Jm} h'_m}{(1 + \mathrm{i}\omega\lambda_m^{-1})}, \quad J = 0, 1, 2, \cdots, M \tag{4.4}$$

式中，V_{Jm} 和 h'_m 分别是矩阵 V 和 H 的一个元素，$h'_m = \Lambda^{-1} V^{-1} H$；$\lambda_m$ 是矩阵 B 第 m 个特征值；需要说明的是在第 3 章 y_J 是通过求解矩阵式（3.24）$y = K^{-1}H$ 得到的，在本章中 y_J 是通过式（4.4）弛豫过程中的特征参数求和得到的，两者有本质的不同。

将式（4.4）代入氢气转动弛豫有效热容表达式得到：

$$C_P^{\mathrm{eff}} = C_P^{\mathrm{t}} + \sum_{m=0}^{M} \frac{h'_m \sum\limits_{J=0}^{M} b_J E_J V_{Jm}}{1 + \mathrm{i}\omega\lambda_m^{-1}} \tag{4.5}$$

令 $C_m^{\mathrm{rot}\,*} = h'_m \sum\limits_{J=0}^{M} b_J E_J V_{Jm}$，$\tau_m = \lambda_m^{-1}$，$m = 0, 1, 2, \cdots, M$。$b_J E_J$ 代表第 J 个解耦过程对有效等压热容的贡献值。一个包含 M 个单转动弛豫过程的解耦表达式为

$$C_P^{\mathrm{eff}} = C_P^{\mathrm{t}} + \sum_{m=0}^{M} \frac{C_m^{\mathrm{rot}\,*}}{1 + \mathrm{i}\omega\tau_m} \tag{4.6}$$

式（4.6）正是本章氢气有效转动热容的解耦表达式，每个 $C_m^{\mathrm{rot}\,*}$ 包含所有转动能级之间能量耦合引起的有效等压热容的一部分，τ_m 是单一转动弛豫过程中对应的弛豫时间，来自能量转移概率矩阵 B 第 m 个特征值的倒数。与传统的振动解耦表达式类似，转动-转动能量耦合显著影响氢气的声弛豫特性（弛豫强度和弛豫时间）。在解耦过程中，式（4.4）和式（4.6）是解耦的关键步骤。

4.1.2 仿真和分析结果

为了验证氢气转动解耦模型的有效性，本节将氢气多转动弛豫的解耦结果与实验数据进行对比。图 4.1 显示的是通过本章解耦模型预测的声弛豫吸收谱系数与实验数据比较图。图 4.1 的实线是通过解耦模型得到的声弛豫吸收谱系数曲线，环境条件为温度 295K 和一个大气压，其中峰值点为 0.2702，对应的弛豫频率为 $1.36 \times 10^7 \mathrm{Hz/atm}$。该曲线与 Winter 和 Hill[95] 在相同实验条件的声弛豫谱吸收系数的实验数据相符，表明该解耦模型是有效的。图 4.2 显示的是通过本章解耦模型预测的 p-H_2 有效等压热容曲线与来自 Takayanagi[91] 在相同环境条件的实验数据比较图，温度为 298.4K，压强为一个大气压。由于参考文献 Takayanagi[91] 的实验数据单位为 cal/mol，为了进行比较，本书进行单位转换，将该实验数据乘以 4.16 得到（J/mol/K）单位的值，如图 4.2 的符号"〇"所示。

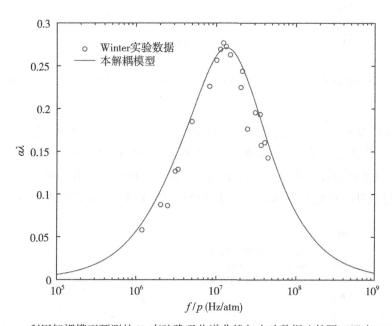

图 4.1　利用解耦模型预测的 H_2 声弛豫吸收谱曲线与实验数据比较图（温度 295K）

由于图 4.2 中等压转动热容来自 p-H_2 的转动级能的偶数部分，与图 4.1 的 H_2 声弛豫吸收谱曲线来自 p-H_2 偶数部分和 o-H_2 奇数部分之和不同。该预测曲线与实验数据吻合，从另一侧面验证了本章解耦模型的正确性。

为了进一步验证解耦模型的有效性，由解耦模型生成的声速频散谱曲线与实验数据对比如图 4.3 所示，解耦模型预测的声速频散谱曲线（黑色曲线）与来自 Winter[95] 的声速实验数据（实验环境为：温度 295K，一个大气压）基本相符，证明本章解耦模型是有效的。图 4.4 的四个声速频散谱曲线分别来自 p-H_2 中 0↔2 和 2↔4 单转动弛豫过程和 o-H_2 中 1↔3 和 3↔5 的单转动弛豫过程，它们是由本章的解耦模型解耦得到。将图 4.4 的四个单转动弛豫过程的声速频散谱曲线相加，它们的和对应图 4.3 中虚线，该虚线与解耦模型

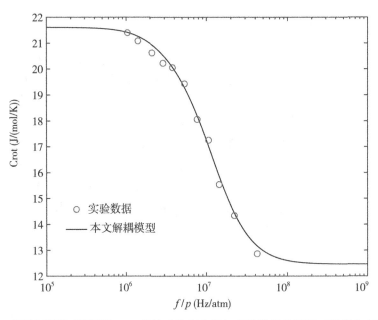

图 4.2　利用解耦模型预测的 p-H$_2$ 的转动热容曲线与实验数据比较图（温度为 298.4K）

预测的黑色曲线基本一致，这表明氢气只有少数几个解耦的单转动弛豫过程对整个转动弛豫过程有显著贡献，其他的转动弛豫过程可以忽略不计。这个现象与 Rhode[89] 和 Takayanagi[91] 在相同温度和大气压条件下氢气声弛豫过程理论分析结果一致。因此，氢气的转动弛豫过程可以简化为 2↔0，4↔2 和 1↔3，3↔5 四个单转动弛豫过程。

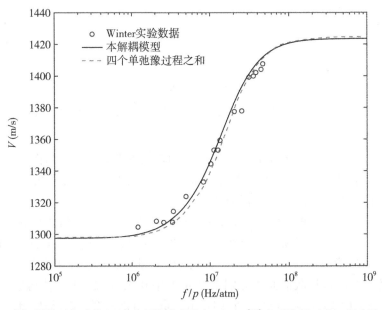

图 4.3　由解耦模型生成的 H$_2$ 声速频散谱曲线与 Winter[95] 实验数据对比（温度为 295K）

如图 4.4 所示，图中的声速频散 $V(\infty) - V(0)$ 的差值反映了由分子弛豫能量消耗产生的弛豫强度，对于 p-H_2 来说，来自转动级能 2↔0 之间弛豫过程产生的声速频散谱差值 $V(\infty) - V(0)$ 大于来自 4↔2 的 $V(\infty) - V(0)$，说明来自 2↔0 的单弛豫过程的弛豫强度大于来自 4↔2 的单弛豫过程的弛豫强度；同样地，对于 o-H_2，来自转动级能 1↔3 之间的弛豫过程导致的声速频散谱变化幅度 $V(\infty) - V(0)$ 大于 3↔5 之间的变化幅度。因此，在氢气的弛豫过程中，来自 2↔0 和 1↔3 的弛豫过程起关键作用。表 4.1 是用解耦模型解耦得到图 4.4 中四个最大单弛豫过程的弛豫时间、有效等压比热容和声弛豫吸收谱峰值点。如表 4.1 所示，第一和第二弛豫过程来自 p-H_2 的 2↔0 和 4↔2 弛豫过程，而第三和第四弛豫过程来自 o-H_2 的 1↔3 和 3↔5 弛豫过程。第一和第三弛豫过程的有效等压热容分别对应于较大的声弛豫吸收谱峰值点，与图 4.4 的 p-H_2 的 2↔0 和 o-H_2 的 1↔3 弛豫过程对应较大的声速 $V(\infty) - V(0)$ 差值一致，说明较大的有效等压热容导致较大的声弛豫吸收谱峰值点数值和较大的声速 $V(\infty) - V(0)$ 差值，造成这一现象原因在于声速频散和声弛豫吸收谱系数是均来自气体分子弛豫过程，声速 $V(\infty) - V(0)$ 差值大小和声弛豫吸收谱峰值点的大小都取决于弛豫过程的弛豫强度。此外，在高频范围内经典声吸收信号随频率的平方大幅增加，氢气的声弛豫吸收谱信号很小以至于淹没在经典吸收信号中难以识别。因此，据本文所知的范围，利用声速测量值代替声弛豫吸收谱系数测量值是声弛豫在高频领域探测掺氢混合气体的唯一方法。

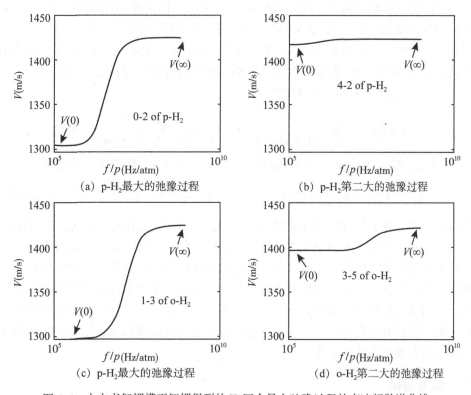

图 4.4　由本书解耦模型解耦得到的 H_2 四个最大弛豫过程的声速频散谱曲线

表 4.1　　　　　　　　　图 4.4 中四个弛豫过程的解耦计算结果

过程	C_P^*（J/（mol/K））	τ（s）	声弛豫吸收谱峰值点
1	6.19	4.37×10^{-8}	0.22
2	0.038	3.74×10^{-9}	0.001
3	7.91	3.41×10^{-8}	0.2301
4	0.075	1.12×10^{-9}	0.0133

综上所述，类似于张克声的多振动模式解耦模型[103]，氢气的多转动弛豫过程可以被解耦为多个单一转动弛豫过程，最终可以被简化为 o-H_2 的转动级能 1↔3、3↔5 和 p-H_2 的转动级能 2↔0、4↔2 四个单转动弛豫过程。转动有效热容、声弛豫吸收谱和声速频散的解耦结果与不同温度下的实验数据一致，验证了本章解耦模型的正确性。

4.2　掺氢混合气体弛豫解耦模型

4.2.1　模型构建

在氢气的解耦模型基础上，接下来构建掺氢混合气体弛豫解耦模型。由于气体（除氢气外）的振动弛豫过程与氢气的转动弛豫过程在计算时可以假定为相互独立[97]，因此将解耦的转动弛豫等压热容表达式（4.6）与张克声的振动弛豫解耦模型[103]线性相结合，得到掺氢混合气体的转动与振动混合弛豫解耦总模型的有效热容表达式如下：

$$C_P^{\text{A\_eff}} = g_J C_P^{\text{eff}} + (1 - g_J) C_P^{\text{V\_eff}}$$
$$= g_J \left(C_P^{\text{l}} + \sum_{m=0}^{M} \frac{C_m^{\text{rot}*}}{1 + i\omega\tau_m} \right) + (1 - g_J) \left(\sum_{n=1}^{N} \frac{C_n^{\text{vib}*}}{1 + i\omega\tau_n} + C_P^{\infty} \right) \tag{4.7}$$

式中 g_J 是氢气的摩尔成分；C_P^{eff} 是解耦的氢气有效热容。$C_P^{\text{V\_eff}}$ 是除氢气外的混合气体的有效热容，$\tau_n = \lambda_n^{-1}$，$C_n^{\text{vib}*} = h_n' \sum_{j=1}^{N} a_j C_j^{\text{vib}} V_{jn}$，$n = 1, 2, \cdots, N$。$C_P^{\infty}$ 是除氢气外的混合气体外部有效热容。$C_n^{\text{vib}*}$ 和 τ_n 分别是解耦的振动弛豫过程和相对应的弛豫时间，具体计算信息请查阅参考文献 [103]。从式（4.7）可以看出，复合振动和转动弛豫解耦模型是转动弛豫和振动弛豫过程的线性叠加。氢气的转动弛豫解耦模型与传统振动解耦模型有一定的差异点和相似性：差异点是振动弛豫解耦模型的计算来自每个单弛豫过程的振动热容和振动弛豫时间，而氢气的转动弛豫计算来自氢气单弛豫过程的转动热容和转动弛豫时间；相似性是传统振动弛豫解耦模型和本章转动弛豫解耦模型均将微观的分子振动和转动弛豫与宏观的混合气体有效热容联系起来。

4.2.2　模型验证

为了验证上述复合解耦模型的有效性，将具有单振动弛豫过程的气体 N_2 和具有多个转动弛豫过程的普通氢气混合作为第一个例子。如图 4.5 所示，将复合解耦模型生成的混合气体 80% H_2-20% N_2、20% H_2-80% N_2 声弛豫吸收谱曲线与 Ejakov[55] 在相同环境条件下的测量数据进行比较，温度分别为 298.6K、297.8K，压强为一个大气压。为简化起见，图 4.5 仅仅显示了 Ejakov[55] 中大于零的实验数据（空心点 "○" 表示 80% H_2-20% N_2 的实验数据，实心三角形表示 20% H_2-80% N_2 的实验数据），预测的声弛豫吸收谱曲线与实验数据一致，验证了解耦模型的有效性。图 4.6 显示了相同实验条件下 80% H_2-20% N_2、20% H_2-80% N_2 声速频散谱曲线，温度分别为 298.6K、297.8K，压强为一个大气压。随着 H_2 的组成从 20% 增加到 80%，图 4.5 和图 4.6 中声速和声弛豫吸收谱峰值点均在增加，造成它们一致增加的原因是声速频散谱曲线和声弛豫吸收谱都是由不同浓度 H_2-N_2 弛豫过程决定的。因此，基于定量的声弛豫特性可用于检测 H_2-N_2 的组成。

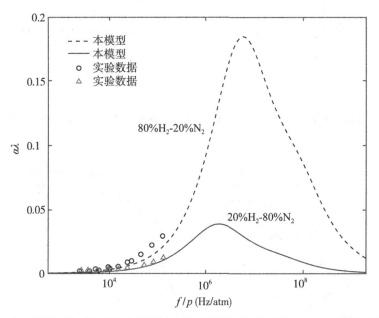

图 4.5　由复合解耦模型生成的氮气氢气混合气体声弛豫吸收谱曲线与 Ejakov[55] 实验数据比较图

　　为了进一步验证复合解耦模型的有效性，下面将多振动弛豫的气体 CO_2 与多转动弛豫的气体 H_2、p-H_2、o-H_2 混合组成不同浓度的混合气体。图 4.7 和图 4.8 显示了由复合解耦模型生成的不同混合气体声速频散曲线与实验数据比较图。如图 4.7 和图 4.8 所示，由解耦模型生成的不同浓度的混合气体 H_2-CO_2 声速频散谱曲线与 Benhnen[97] 实验数据一致（实验条件：温度 303.15K，一个大气压），验证了该解耦模型有效性。由于 Benhnen[97] 的实验数据是平方值，为了比较，本章对 H_2-CO_2 的声速频散谱曲线的解耦结果进行了平方。

　　图 4.7 中，在相同的声速平方值 786.7 m^2/s^2 下，2% p-H_2-98% CO_2、2% H_2-98% CO_2 和 2% o-H_2-98% CO_2 的弛豫频率依次增大，从左到右分别是 2.41 × 10⁵Hz、3.28 × 10⁵ Hz 和 4.43 × 10⁵Hz。类似地，图 4.8 中在相同的声速平方值 812 m^2/s^2 下，5% p-H_2-95% CO_2、5% H_2-95% CO_2 和 5% o-H_2-95% CO_2 的弛豫频率依次增大，从左到右分别是

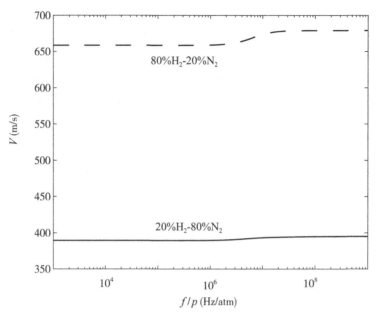

图 4.6　由复合解耦模型预测的 20% H_2-80% N_2 和 80% H_2-20% N_2 的声速频散谱曲线

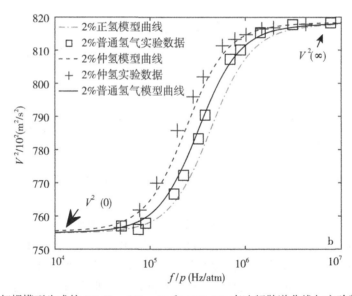

图 4.7　由解耦模型生成的 2% H_2、2% p-H_2 和 98% CO_2 声速频散谱曲线与实验数据比较图

$3.23 \times 10^5 Hz$、$4.4 \times 10^5 Hz$ 和 $5.57 \times 10^5 Hz$。在混合气体 p-H_2-CO_2、H_2-CO_2 和 o-H_2-CO_2 中，如果 CO_2 的浓度相同，则该混合气体具有相同的分子摩尔质量和相同的声速，但是它们声速频散的弛豫频率却依次增大。造成这一现象的原因归结于 p-H_2 和 o-H_2 是异构体，分子属性导致弛豫频率不同[121]，而 H_2 是两者的混合气体。传统的声速探测气体方法利用

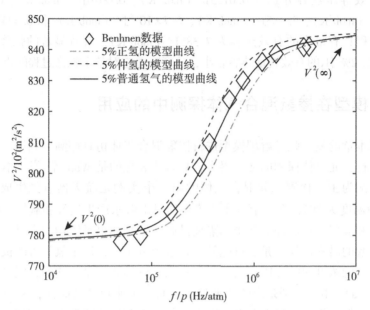

图 4.8 由解耦模型生成的 5% H_2、5% $p\text{-}H_2$ 和 95% CO_2 声速频散谱曲线与实验数据比较图

不同混合气体的平均分子量不同导致不同的声速来探测气体组分，无法探测具有相同平均分子量的混合气体 $p\text{-}H_2\text{-}CO_2$、$H_2\text{-}CO_2$ 和 $o\text{-}H_2\text{-}CO_2$。然而，本章的复合弛豫解耦模型可以综合地获得分子量信息和气体分子的弛豫信息，可以根据它们弛豫频率的不同来区分气体成分。本章的复合解耦模型为第 5 章利用声速谱拐点进行具有相同或相似声速的掺氢混合气体探测提供了理论依据。

为了进一步分析掺氢混合气体分子弛豫的内部机理，由本章复合解耦模型解耦得到混合气体 2% $H_2\text{-}98\%$ CO_2 的有效转动热容（图 4.7 中的实线图）和相应的弛豫时间，如表 4.2 所示，温度为 303.15K。

表 4.2　　图 4.7 中混合气体 2 %H_2-98% CO_2 声速频散曲线（实线）的解耦结果

过程	类型	C_P^* (J/ (mol/K))	τ (s)
1	R-R	0. 0123	2.05×10^{-8}
2	R-R	0. 0076	3.02×10^{-9}
3	R-R	0. 158	3.37×10^{-8}
4	R-R	0. 00 15	1.27×10^{-9}
5	V-V	7. 385	3.65×10^{-6}
6	V-V	6.7×10^{-8}	1.3×10^{-6}
7	V-V	0. 3943	2.2×10^{-4}

该混合气体一共有七个解耦过程，由三个振动弛豫过程和四个转动弛豫过程组成。解耦

过程的相应有效等压热容分别为 0.0123J/（mol/K）、0.0076J/（mol/K）、0.158J/（mol/K）、0.0015J/（mol/K）、7.385J/（mol/K）、6.7×10^{-8}J/（mol/K）和 0.3943J/（mol/K）。第五个弛豫过程具有最大的有效热容为 7.385J/（mol/K），有着显著的弛豫时间为 3.65×10^{-6}。同时来自 2% H_2 的有效转动热容较小，这意味着它对整个弛豫过程的贡献很小。

4.3 解耦模型在掺氢混合气体探测中的应用

下面利用本章的复合弛豫解耦模型进行掺氢混合气体仿真探测。利用气体声速与浓度之间的关系进行二元气体探测的文献很多，具有代表性的是 Wan 等[122]。本节主要以三元和四元气体探测为主。探测三元混合气体的第一个实例是航天器氧气生成模块中的 H_2-O_2-H_2O，环境温度为 297K[56]。氧气生成模块通过电解水产生氢气和氧气。虽然航天器系统中氢气出口和氧气出口已经有严密的隔离措施，但是如果系统功能失灵的情况下，氢气和氧气混合引起的潜在爆炸还是有可能的。在这个例子中，假定氢气可能被氧气和水蒸汽污染，并且氢气的浓度保持在固定值，氧气和水蒸汽的浓度是变化的，但是浓度之和保持不变。图 4.9（a）（b）分别是声弛豫吸收谱曲面和声速频散谱曲面，两个曲面不是严格意义上的平面，但是没有明显的变形；随着氧气和水蒸汽的浓度发生变化，无量纲声弛豫吸收谱系数的范围为 0.215~0.0235，而声速范围为 1100~1400m/s。

探测方法如下：①频率点 10 MHz/atm 测量的声弛豫吸收谱系数为 0.227，声速数值为 1284m/s。②在图 4.9（a）和（b）分别作声弛豫吸收谱系数为 0.227 和声速数值为 1284m/s 的等高切线（图中黑色实线），也就是说，沿着这两条等高切线上的任意一点均具有相同的声弛豫吸收谱系数或声速值。图 4.9（a）中的声弛豫吸收谱系数切线和图 4.9（b）中的声速切线均与浓度底面平行，反映了声弛豫吸收谱系数和声速的三维曲面均依赖相同浓度变化范围的混合气体，两个图具有相同浓度坐标范围的底面。③将这两条切线投影到同一个浓度底面中，来自声弛豫吸收谱系数曲面的一条切线和来自声速曲面的另一条切线在浓度底面投影的交叉点相交，如图 4.9（c）所示。根据交叉点位置可以得到 H_2O 的浓度是 2.2%、O_2 的浓度是 1.1%，最后氢气的浓度由 1-2.2%-1.1%=96.7% 得到。

上述探测是在保持氢气浓度恒定条件下，氧气和水蒸汽的浓度在一定范围内变化，实际上属于限定条件下的三元掺氢混合气体探测。下面利用本章理论模型探测无限定条件混合气体如图 4.10 所示，环境条件为温度 293K、一个大气压。

图 4.10（a）显示的是氢气浓度从 18% 到 22%、甲烷浓度从 73% 到 77% 变化范围内的声弛豫吸收谱系数，图 4.10（b）显示的是同样浓度变化范围内的声速值。探测方法如下：①在频率点 2×10^5Hz 测量的声速是 487.54m/s、测量的声弛豫吸收谱系数 0.00367。②分别在图 4.10（a）（b）作测量频率点的声速值和声弛豫谱吸收系数等值切线。③图 4.10（c）是图 4.10（a）（b）中两条等值切线在浓度底面投影，两条直线的交叉点决定 CH_4 的浓度是 75%，H_2 的浓度是 20%，N_2 的浓度为 1-75%-20%=5%。因此，基于本章的复合弛豫解耦模型，可以通过测量同一频率的声弛豫吸收谱系数和声速数值来检测三元掺氢混合气体。

图 4.11 分别是利用本章复合弛豫解耦模型生成的氢气、二氧化碳、氮气、甲烷四元

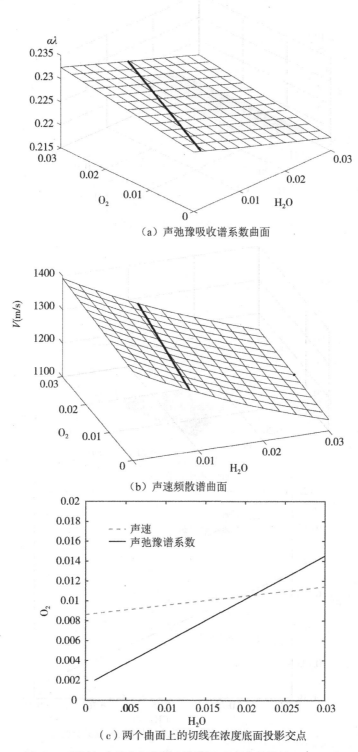

（a）声弛豫吸收谱系数曲面

（b）声速频散谱曲面

（c）两个曲面上的切线在浓度底面投影交点

图 4.9 利用复合弛豫解耦模型探测三元混合气体 H_2-O_2-H_2O

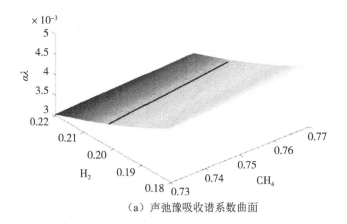

（a）声弛豫吸收谱系数曲面

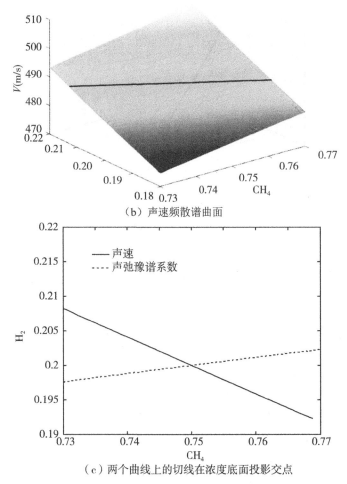

（b）声速频散谱曲面

（c）两个曲线上的切线在浓度底面投影交点

图 4.10　利用复合弛豫解耦模型探测三元混合气体 CH$_4$-H$_2$-N$_2$

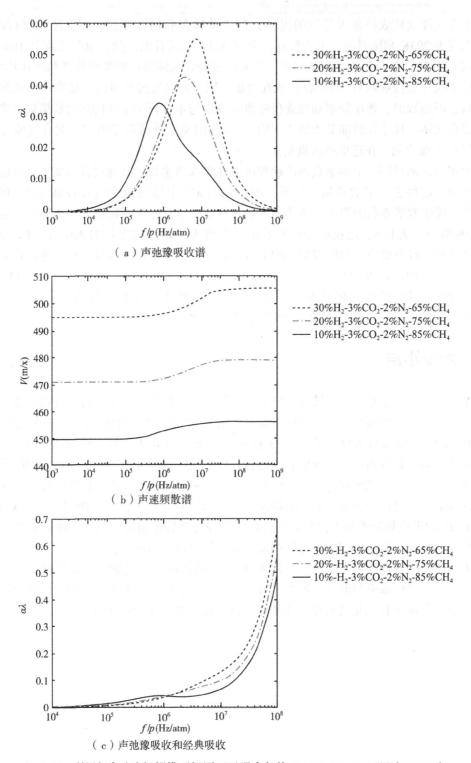

（a）声弛豫吸收谱

（b）声速频散谱

（c）声弛豫吸收和经典吸收

图 4.11 利用复合弛豫解耦模型探测四元混合气体 H_2-CO_2-N_2-CH_4（温度 293K 和
一个大气压）

掺氢混合气体（代表掺氢天然气的组分）的声弛豫吸收谱和声速、声弛豫吸收+经典吸收，温度为 293K 和压强是一个大气压。从图 4.11 可以看出，随着氢气浓度从 10% 增加到 30%、甲烷浓度从 85% 减少到 65%，四元掺氢混合气体的声弛豫吸收谱和声速均增加，总弛豫吸收（弛豫吸收+经典吸收）也在增加。因此可以通过测量同一频率的声弛豫吸收谱系数、声速数值、弛豫频率和总弛豫吸收等参数与本章模型生成的理论数据对比来检测掺氢混合气体。具体探测细节类似于朱明[123] 提出的基于弛豫声学的四元混合气体（不包含氢气）浓度检测，在这里不再重复。

上述方法测量同一个频率点的声速和声弛豫吸收谱系数，并通过投影交叉点方法探测气体成分，取得了一定的效果。然而，图 4.11（a）中掺氢混合气体在频率点 100MHz 时，声弛豫吸收谱系数的数值非常小，大概在 0.002 左右；在同频率下，总吸收（弛豫吸收+经典吸收）为 0.6，这说明经典吸收信号非常大，是弛豫吸收的 300 倍左右。因此，在频率高时，经典吸收信号随着频率的平方快速增大，小幅度弛豫吸收信号淹没在大幅度经典吸收信号中，难以测量，导致本章的探测方法失效。但是，在高频阶段（1MHz 以上）声速随着频率的变化相对不大，容易测量，而且不受经典吸收的影响，如图 4.11（b）所示。在下一章中，将利用声速测量值探测气体成分。

4.4　本章小结

本章提出了一个基于氢气转动弛豫的解耦模型，并将其转动弛豫过程解耦成多个单转动弛豫过程。根据解耦结果，可以将普通氢气的转动弛豫过程简化为四个转动弛豫过程：其中 0↔2 和 4↔2 过程来自 p-H_2，1↔3 和 3↔5 过程来自 o-H_2。每个转动弛豫过程具有不同的弛豫时间和有效热容。氢气的有效热容、声弛豫吸收谱和声速频散谱的解耦结果与实验数据吻合，验证了该解耦模型的正确性。此外，该解耦模型可以与传统的振动弛豫解耦模型线性结合，构建一个复合弛豫解耦模型。利用该复合解耦模型预测混合气体 CO_2-N_2 和 CO_2-H_2 的声速频散谱和声弛豫吸收谱曲线均与实验数据相符，验证了掺氢混合气体解耦模型的有效性。最后利用该复合解耦模型对掺氢混合气体进行探测。

本章提出的解耦模型从微观角度深入分析 H_2 的转动弛豫机制，在此基础上生成的掺氢混合气体复合解耦模型解决了第 1.3 节提出的第二个问题，为下一章利用声速谱拐点进行掺氢混合气体（特别是具有相同或相似声速）探测提供了理论依据。

第5章 基于声速谱拐点的掺氢混合气体探测方法

针对第4章解耦模型不能有效探测高频阶段的掺氢混合气体这一局限性，本章提出利用声速谱拐点进行气体探测。

5.1 现有的声弛豫气体探测方法及其局限性

5.1.1 基于量化声弛豫特性的气体探测

不同成分混合气体的分子有不同的弛豫特性，具体表现为依赖于频率的声速频散谱线、声弛豫吸收谱线和有效热容轨迹。基于这种现象，Petculescu 和 Lueptow[37] 提出了利用量化的声弛豫吸收谱实时监控天然气的组成和浓度。他们仿真了不同气体依赖于频率的不同声弛豫特性。首先，他们通过比较不同声速频散谱线来探索混合气体平均分子量的差异。混合气体的平均分子量最大，对应的声速最低。在 95% N_2 气体中，掺入的同样杂质气体 CO_2 和 N_2，由于 N_2 的分子量小于 CO_2，导致对应的声速大于声速。第二，他们仿真了不同浓度混合气体的声弛豫吸收谱。N_2 具有弱弛豫特性，因此它的声吸收谱吸收系数非常小，经典弛豫占主导作用。CO_2 和 CH_4 具有强弛豫特性，因此微量浓度的 5% CO_2 掺入 95% N_2 形成的声弛豫吸收谱峰值点远大于 100% N_2 的峰值点。5% CO_2 掺入 95% N_2 形成的弛豫曲线大于 5% CH_4 掺入同样浓度的 N_2 的弛豫曲线，说明同样是强弛豫气体，CO_2 的弛豫强度高于 CH_4。最后，他们比较了有效热容谱线与声速频散谱线和声弛豫吸收谱线三者之间的关系，有效热容是一个半圆轨迹，反映了气体热容与气体弛豫强度之间的关系。N_2 的热容半径最小，5% CO_2-95% N_2 的热容半径最大。同样，混合气体的热容半径大小与声弛豫吸收谱的峰值点高低成正比，说明气体的有效热容是气体弛豫过程的宏观"足迹"。Petculescu 和 Lueptow [37] 将热容、声弛豫吸收谱系数、声速量化，从而识别混合气体的成分和浓度。

5.1.2 基于声弛豫吸收谱峰值点位置的气体探测

利用前文所述的声弛豫量化特性虽然可以进行气体探测，并取得了一定效果，但是该气体探测方法需要测量大量频率点的数据来重建各种谱线，加大了测量的难度和可操作性，这在工业的实际应用过程中是不可行的。为了简化测量方法，Petculescu 和 Lueptow [124] 提出了基于两个频率点测量值重建声弛豫吸收谱方法。但是该方法只是降低了需要测量的频率点个数，在测量过程中仍需要测量密度和改变气体压强。为了克服该方法的不足，张克声[58] 提出了一个无需改变压强和测量密度，只需要测量两频点的声速和声弛豫吸收值来重建声弛豫吸收谱线的方法。该方法的核心公式如下：

$$\mu_m = \mu(f_1)(f_1{}^2 + f_m^2)/(2f_m f_1) , \quad f_m = \left[\frac{\mu(f_1)f_1 - \mu(f_2)f_2}{\mu(f_2)/f_2 - \mu(f_1)/f_1} \right]^{1/2} \tag{5.1}$$

张克声等提出的重建算法为构造基于声弛豫的气体传感器原型奠定了基础。但是利用整条谱线进行气体探测仍然是一个大的挑战。在张克声重建算法的基础上，胡轶[36,59]证明了不同混合气体的声弛豫吸收谱峰值点具有唯一性，气体的声弛豫吸收谱可以由峰值点恢复，从而提出了利用声弛豫吸收谱线峰值点定位，来代替以往基于整条声弛豫吸收谱线的气体探测方法。

利用式（5.1），胡轶计算了不同浓度混合气体在不同温度下的峰值点位置，论证了利用峰值点探测气体的可能性。首先他用理论仿真了在温度为 293K 时 CO_2-N_2 混合气体的声弛豫吸收谱线和峰值点，从左到右，二氧化碳的摩尔浓度逐渐增大，步长 20%，其对应的峰值点逐渐增大。其次，保持混合气体 40% CH_4-60% N_2 的浓度不变，温度从 273K 上升至 323K，步长是 10K。从左到右，随着温度升高，峰值点的数值和频率逐渐增大。最后，在氮气为背景气体混入未知气体二氧化碳或者甲烷的例子中，利用混合气体 40% CH_4-60% N_2 和 40% CO_2-60% N_2 峰值点坐标不同进行混合气体探测，并对基于此方法的实际传感器原型设计提出了建议。

5.1.3 基于有效比热容气体探测方法

在声传播过程中，气体的声弛豫特性除了用声速和声弛豫吸收系数进行表示，还有一个重要参数是有效热容。有效热容的数值依赖于频率，是气体声学宏观特征与微观分子弛豫之间的桥梁。因此，有效热容可以像声速和声吸收系数一样可以用来进行气体探测。刘婷婷[125]将混合气体的有效热容公式进行解析，提出利用少数频率点处的声速和声吸收系数测量值获得分子弛豫过程的热容参数，进行气体探测。由于大部分气体的声弛豫只有一两个显著的弛豫过程，因此，两个弛豫过程的有效热容表达式如下：

$$C_V^{\text{eff}} = C_m^\infty + \frac{C_1}{1 + i\omega\tau_1} + \frac{C_2}{1 + i\omega\tau_2} = x(\omega) - iy(\omega) \tag{5.2}$$

可以从声速和声吸收测量值中计算混合气体有效热容公式如下：

$$C_V^{\text{eff}} = \frac{R\left[1/c^2 - (\alpha/\omega)^2 - 2i\alpha/(c\omega) \right]}{1/c^2 - (\alpha/\omega)^2 - 2i\alpha/(c\omega) - \rho_0/p_0} \tag{5.3}$$

如果有三个频率点的声速和声吸收测量值，利用式（5.2）和式（5.3）能够得到 6 个方程，从而计算出有效比热容的参数 C_m^∞，C_1，C_2，τ_1，τ_2。

在此基础上，刘婷婷[126]发现混合气体有效热容和纯气体有效热容的相对变化值是关于温度的函数，提出了利用气体内部比热容相对变化值识别气体成分和浓度信息。不同温度内部比热容的相对变化值如下：

$$r_k = \frac{\Delta C_k}{C_k(T_0)} = \frac{C_k^{\text{int}}(T_1) - C_k^{\text{int}}(T_0)}{C_k^{\text{int}}(T_0)} \tag{5.4}$$

式中，r_k 代表混合气体内部比热容 C_k 从最初温度 T_0 变化到最终温度 T_1 时的相对变化。T_0 是参考温度，T_0 和 T_1 可以通过高精度的温度测量仪器直接测量得到。最后，基于混合气体内部比热容与纯净气体内部比热容的线性比例，利用有效比热容曲线最低点的连线进行气体探测。

5.1.4 现有气体探测方法的不足

上述基于声弛豫吸收谱的气体探测方法，无论是基于量化声弛豫特性的气体探测，还是两频点声弛豫吸收谱重建方法或者峰值点定位探测，或者基于有效比热容最低点最小连线方法，或者本书第 4 章利用同一频率点测量值在浓度底面投影的探测方法，最终都离不开需要测量固定频率点的声速和声弛豫吸收谱系数。然而，声弛豫吸收谱系数的测量需要复杂的工艺设备，测量精度低，误差为±5%左右。更为重要的是，文献中现有的探测方法一般测量发生在中低频阶段（≤1MHz），对于某些弛豫过程发生在高频阶段的气体，如氢气，这时经典弛豫的增加远大于弛豫吸收的数值，导致小信号的声弛豫吸收系数测量非常困难。因此，现有的声弛豫气体探测方法既不能满足精确识别气体应用场合的要求，也不能探测弛豫过程发生在高频阶段的混合气体。针对以上方法的不足，本章将利用声速测量值重构声速频散谱，提出基于声速谱拐点进行气体探测的方法。

5.2 声速频散谱的分解

5.2.1 基于有效热容的声速频散谱表达式

在气体声弛豫过程中，有效热力学声速 $\tilde{V}(\omega)$ 与有效热容 $C_V^{\text{eff}}(\omega)$ 之间关系为

$\dfrac{1}{\tilde{V}(\omega)} = \omega \sqrt{\dfrac{\rho_0}{p_0}} \sqrt{\dfrac{C_V^{\text{eff}}(\omega)}{C_V^{\text{eff}}(\omega) + R}}$。$C_V^{\text{eff}}(\omega)$ 是复数，$\tilde{V}(\omega)$ 是关于 $C_V^{\text{eff}}(\omega)$ 的函数，所以 $\tilde{V}(\omega)$ 同样也是复数形式。$1/V(\omega)$ 是 $1/\tilde{V}(\omega)$ 的实数部分，令 $1/\tilde{V}(\omega) = A - iB$，则 $V(\omega)$ 可以表示为：

$$V^2(\omega) = \frac{2}{A + \sqrt{A^2 + B^2}} , \quad A - iB = \frac{\rho_0}{p_0} \frac{C_V^{\text{eff}}(\omega)}{C_V^{\text{eff}}(\omega) + R} \tag{5.5}$$

将有效热容写成实部和虚部的形式 $C_V^{\text{eff}}(\omega) \equiv x - iy$，代入式（5.5）得到：

$$A = \frac{\rho_0}{P_0} \frac{x^2 + Rx + y^2}{(x + R)^2 + y^2}, \quad B = \frac{\rho_0}{P_0} \frac{Ry}{(x + R)^2 + y^2} \tag{5.6}$$

将式（5.6）中 A 和 B 的值代入式（5.5）得到：

$$V^2(\omega) = \frac{p_0}{\rho_0} \frac{2}{\dfrac{x^2 + Rx + y^2}{(x + R)^2 + y^2} + \sqrt{\dfrac{x^2 + y^2}{(x + R)^2 + y^2}}} \tag{5.7}$$

根据定义 $C_V^{\text{eff}}(\omega)$ 有两个极限值：最低频率点极限值的内部热容 $C_V^0 \equiv C_V^{\text{eff}}(\omega \to 0)$，最高频率极限值 $C^\infty \equiv C_V^{\text{eff}}(\omega \to 0)$。内部自由度 $C^{\text{int}} = C_V^0 - C_V^\infty = \sum\limits_{i=1}^{N} C_i^{\text{int}}$ 代表两个极限值之

差。将 C^{int} 代入 $C_V^{eff}(\omega)$ 的实部和虚部：

$$x = C_V^\infty + \sum_{i=1}^{N} \frac{C_i^{int}}{1+(\omega\tau_i)^2}, \quad y = \sum_{i=1}^{N} \frac{C_i^{int}\omega\tau_i}{1+(\omega\tau_i)^2} \tag{5.8}$$

式中，通常情况下 $C_V^\infty > C^{int}$，导致分气体的 x^2 远大于 y^2。例如，CO_2 的 y^2 和 x^2 的比率为 0.037，N_2 的 y^2 和 x^2 的比率不到百万分之一。因此，式（5.7）的 y^2 可以忽略不计。将式（5.8）代入式（5.7），一个含有 N 个单弛豫过程的多振动弛豫的声速频散谱，其依赖于频率的平方表达式如下：

$$V^2(\omega) = \frac{p_0}{\rho_0}\left(1 + \frac{R}{C_V^\infty + \sum_{i=1}^{N}\dfrac{C_i^{int}}{1+\omega^2\tau_i^{\,2}}}\right) \tag{5.9}$$

式（5.9）表示的是微观振动分子弛豫引起的宏观声速频散。由式（5.9）可知，$V^2(0) \leqslant V^2(\omega) \leqslant V^2(\infty)$，因此 $V^2(\omega)$ 是一个随着频率单调增长的曲线。其中 $V^2(\omega \to 0) = \dfrac{p_0}{\rho_0}\left(1 + \dfrac{R}{C_V^\infty + \sum_{i=1}^{N} C_i^{int}}\right)$ 是弛豫发生时静态相速度的最低频率极限值，$V^2(\omega \to \infty) = \dfrac{p_0}{\rho_0}\left(1 + \dfrac{R}{C_V^\infty}\right)$ 是没有弛豫时的瞬时相速度。$V^2(\infty) - V^2(0)$ 是气体中整体分子弛豫消耗的能量。对式（5.9）进一步简化得

$$V^2(\omega) = V^2(\infty)\left(1 - \sum_{i=1}^{N}\frac{\varepsilon_i}{1+\omega^2\tau_i^{\,2}}\right), \quad \varepsilon_i = \frac{RC_i^{int}}{(C_V^\infty + R)\left(C_V^\infty + \sum_{i=1}^{N}\dfrac{C_i^{int}}{1+\omega^2\tau_i^{\,2}}\right)} \tag{5.10}$$

式中，ε_i 是第 i 个单弛豫过程的弛豫强度，相对应的弛豫时间为 τ_i。

5.2.2　分解过程公式推导

对于仅有一个振动分子自由度的气体来说，声弛豫只包含一个单弛豫过程，该气体有效热容表达式为 $C_V^{eff}(\omega) = C_V^\infty + \dfrac{C^{int}}{1+i\omega\tau}$。根据式（5.10），具有单弛豫过程气体的声速频散谱表示为：

$$V_s^2(\omega) = V_s^2(\infty)\left(1 - \frac{\varepsilon}{1+\omega^2\tau^2}\right), \quad \varepsilon = \frac{RC^{int}}{(C_V^\infty + R)\left(C_V^\infty + \dfrac{C^{int}}{1+\omega^2\tau^2}\right)} \tag{5.11}$$

式中，由于 $(C_V^\infty)^2 \gg (C^{int})^2$，$\varepsilon$ 随着频率改变而逐渐微弱，因此 $V_s^2(\omega)$ 是一个随频率改变的 S 形曲线。通常一个多弛豫过程是由不同弛豫时间的单弛豫过程组成，例如，二氧化碳有三个单弛豫过程，其振动频率分别是 $667cm^{-1}$、$1388cm^{-1}$ 和 $2349cm^{-1}$。然而在常温下，一般只有主弛豫和第二个弛豫过程的弛豫时间比较长，通常主弛豫的时间比第二弛豫过程高两个数量级。由于一个多弛豫过程的内部热容是由 i 个单弛豫过程的有效热容之和组成的，因此第 i 个单弛豫过程的有效热容为：

$$C_i^{\mathrm{eff}}(\omega) = C_V^{\infty} + \sum_{j=i+1}^{N} C_j^{\mathrm{int}} + \frac{C_i^{\mathrm{int}}}{1 + \mathrm{i}\omega\tau_i} \tag{5.12}$$

与式（5.9）类似，得到第 i 个单弛豫过程的声速平方谱表示如下：

$$V_i^2(\omega) = \frac{p_0}{\rho_0}\left(1 + \frac{R}{C_V^{\infty} + \sum_{j=i+1}^{N} C_j^{\mathrm{int}} + \dfrac{C_i^{\mathrm{int}}}{1 + \mathrm{i}\omega\tau_i}}\right) \tag{5.13}$$

由式（5.13）得到 $V_{i+1}^2(0) = \dfrac{p_0}{\rho_0}\left(1 + \dfrac{R}{C_V^{\infty} + \sum\limits_{j=i+1}^{N} C_j^{\mathrm{int}}}\right) = V_i^2(\infty)$。结合式（5.8）和式

（5.13），得到声速频散谱的分解：

$$V^2(\infty) - V^2(0) = \sum_{i=1}^{N}\left[V_i^2(\infty) - V_i^2(0)\right] \tag{5.14}$$

式（5.14）意味着气体一个多振动弛豫过程的声速频散可以被分解为多个单弛豫过程的频散。根据式（5.8）和式（5.14）可知，$V_{i-1}^2(0) = V_i^2(\infty)$，因此，由分子弛豫引起的声速频散谱分解证明了声弛豫的连续性特征，也就是说，多弛豫过程的声速频散谱是内部单弛豫过程 S 形声速频散谱频散的串联连接。同时，声弛豫吸收谱的分解 $\mu_m(\omega) = \sum\limits_{i=1}^{N}\mu_i(\omega)$ 显示了声弛豫的平行特征[85]，即一个多弛豫过程的声弛豫吸收谱是内部单弛豫过程的声弛豫吸收谱瞬时总和。

5.3 声速频散谱的重建

当单弛豫过程的弛豫频率与弛豫时间成反比时，这时分子弛豫对声传播的影响达到最强，此时的频率定义为 $f_e = 1/(2\pi\tau)$。在式（5.11）中，令 $\omega\tau = 1$，可以得到声速拐点的声速平方值 $V_s^2(\omega_e) = \left[V_s^2(\infty) + V_s^2(0)\right]/2$，$f_e$ 是声速拐点对应的频率，该频率也是 S 形声速频散谱曲线上的弛豫频率。同时，从式（5.11）可以求解出弛豫强度 $\varepsilon = 1 - V_s^2(0)/V_s^2(\infty)$。获得一个单弛豫过程的传统方法是在足够多的频率-压强比 (f/p) 多次测量弛豫频率和两个声速极限值 $V_s^2(0)$ 和 $V_s^2(\infty)$。由式（5.9）可知，一个具有 N 个单弛豫过程的多弛豫过程声速频散谱可以用 $2N+1$ 个参数的 $V^2(\infty)$、ε_i 和 τ_i $(1 \leqslant i \leqslant N)$ 表示。因此，$V^2(\infty)$、ε_i 和 τ_i 可以通过在 $2N+1$ 频率下测量声速值来捕获声速频散谱重建需要的值。与朱明[127]有限个频率点测量值重构主弛豫过程的方法相比较，本章提出的方法以仅增加了一个测量频率的微小代价避免了繁琐的声弛豫吸收谱测量方法。因此，本章提出基于分子弛豫的声速频散谱重构方法更简单、更快捷。

虽然可以通过式（5.11）来重构声速频散谱，但是获取分子多弛豫过程的弛豫强度 ε_i 和弛豫时间 τ_i 的表达式仍然是困难的。幸运的是，多数气体的多弛豫过程只有一个主弛豫。在式（5.11）中，一个单弛豫过程的声速频散谱可以用三个参数来表示，$V_s^2(\infty)$、ε 和 τ。相应地，这三个参数在实际应用中可以通过三个频率点的测量值得到。特殊地，高频率的声速平方 $V_s^2(\infty)$ 在频率 ω_3 处满足 $V^2(\omega_3) = V_s^2(\infty)$ 时也可以被测量到。利用式

（5.11）和三个频率点 ω_1、ω_2 和 ω_3 的声速测量值，单弛豫过程的 ε 和 τ 可以被表示为：

$$\varepsilon = \left[1 - \frac{V^2(\omega_1)}{V^2(\omega_3)}\right]\left\{1 + \frac{\omega_1^2[V^2(\omega_1) - V^2(\omega_2)]}{[V^2(\omega_3) - V^2(\omega_1)]\omega_1^2 - [V^2(\omega_3) - V^2(\omega_2)]\omega_2^2}\right\} \quad (5.15)$$

$$\tau^2 = \frac{V^2(\omega_1) - V^2(\omega_2)}{[V^2(\omega_3) - V^2(\omega_1)]\omega_1^2 - [V^2(\omega_3) - V^2(\omega_2)]\omega_2^2} \quad (5.16)$$

当然，即使 $V^2(\omega_3) \neq V_s^2(\infty)$，根据式（5.11），利用任何三个频率点的声速测量值，一个单弛豫过程的 ε 和 τ 也可以得到。

为了验证本章提出声速频散的重构，下面分析两种比较常见的气体二氧化碳和氧气。图 5.1 中的实线代表二氧化碳在温度为 303.4K 和一个大气压下的理论声速频谱曲线，详细的计算信息请参考文献[58]。二氧化碳包含三个振动分子自由度，因此有三个解耦的单弛豫振动过程。然而，图 5.1 仅有一个主弛豫和第二个单弛豫过程被观测到。也就是说，二氧化碳的声速频散谱显示了一个主弛豫过程的 S 形声速曲线和第二个弛豫过程 S 形声速曲线的明显连接。在这个例子中，通过式（5.9）计算 $V^2(\infty)$ 为 8.04×10^4 m²/s²，两个 ε_1 和 ε_2 分别为 8.87×10^{-2}、2.87×10^{-3}，两个弛豫时间 τ_1 和 τ_2 的值分别为 4.85×10^{-6} s、3.67×10^{-4} s。利用在理论声速频散谱曲线的 5 个频率点 0.2、10、40、125 和 215kHz 的声速测量值和式（5.10），计算出 $V^2(\infty)$、ε_1、ε_2 和 τ_1、τ_2 与理论值相同，由这 5 个参数重构的声速频散谱曲线与理论的曲线相互重叠在一起。利用三个频率点 40、125 和 215 Hz 的声速值和式（5.10），得到的 $V^2(\infty)$、ε_1 和 τ_1 分别是 8.04×10^4 m²/s²、8.88×10^{-2} s、4.85×10^{-6} s，同样与主弛豫过程的理论值相同。如图 5.1 所示，由三个频率点测量值重构的声速频散谱曲线（虚线）与整个理论频散的主弛豫过程的声速频散谱曲线相互重叠在一起。同时，二氧化碳的理论主弛豫谱和重构的声速频散谱曲线两者均与来自 Shields[128] 在相同实验环境下（温度为 303.4K 和一个大气压下）声速实验数据吻合。因此，本节提出的声速频散谱模型是合理的，也就是说，重构的声速频散谱方法可以通过 2N+1 频率点的声速测量值捕获 N 个单弛豫过程的弛豫时间和弛豫强度，来重建整个多弛豫过程。

与上述二氧化碳等气体的弛豫过程以气体分子振动弛豫为主不同，氢气是以分子转动弛豫为主的特殊气体。第 3 章中振动弛豫和转动弛豫的弛豫过程都是来源于气体分子的内自由度（转动和振动）和外自由度（平动）能量交换，本质是类似的，因此本节声速频散谱的分解和重构公式的推导过程同样适用于氢气转动弛豫过程，在这里不再重复推导。

图 5.2 是氢气和二氧化碳混合气体的理论声速频散谱平方曲线与重构的声速频散谱平方曲线 $V^2(\omega)$ 比较图，温度为 303.15K，压强为一个大气压。图中"○"是 Benhnen[97] 在相同实验环境下的声速实验数据，"□"是选择重建的声速频散谱的三个频率点，实线是通过本书第 4 章的复合弛豫解耦模型生成的理论声速频散谱曲线，虚线是通过式（5.10）重构的声速频散谱曲线。重构的声速频散谱曲线与理论曲线、来自 Benhnen[97] 实验数据均吻合，验证了该重构方法的可靠性。

因此，本节提出的基于有限个频率点的声速值重构声速频散谱方法不仅可以应用于以振动弛豫为主的气体，也可以应用于振动和转动复合弛豫过程的掺氢混合气体。

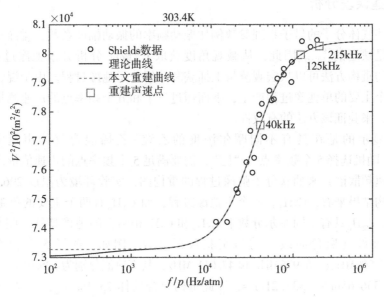

图 5.1 CO_2 理论的声速频散谱平方曲线与重构的声速频散谱平方曲
线 $V^2(\omega)$ 与实验数据的比较图（实验数据来自 Shields）

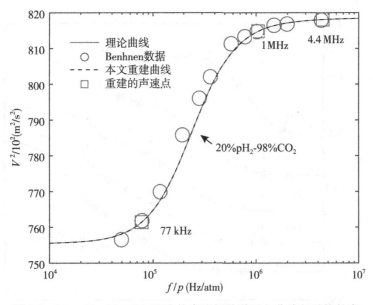

图 5.2 2% p-H_2-98% CO_2 理论的声速频散谱平方曲线与重构的声
速频散谱平方曲线 $V^2(\omega)$ 与实验数据的比较图（实验数据
来自 Benhnen）

5.3.1　重建误差分析

对于某些气体分子的量子物理参数例如振动频率的振动幅度系数，碰撞直径，势阱深度等数据都是缺乏的[129]。因此，从微观角度获取 $C_v^{eff}(\omega)$ 分析分子弛豫过程非常困难。然而，本章的重构方法可以从宏观测量上捕获和分析分子弛豫过程。由于混合气体通常仅由一个或两个主要的单弛豫过程产生，下面通过三个和五个频率点的声速测量值来重构分子弛豫过程，来验证该方法的有效性。

图 5.3 显示的是在具有不同摩尔浓度的乙烷-乙烯混合气体声速实验数据[130]（"○"）中随机选择 5 个频率点（"□"，需要满足 5 个频率点的声速值依次增大，而且覆盖整个声速频散谱）来捕获分子弛豫过程的重构图，实验环境为温度 296.6K，一个大气压。从重构结果来看，C_2H_4 有一个主弛豫过程，而 C_2H_6 有两个主要的单弛豫过程。混合气体 C_2H_4-C_2H_6 具有不同摩尔分数下 C_2H_4 和 C_2H_6 相结合的弛豫特征。图 5.3 中重构的声速频散谱曲线（黑色曲线）均与实验数据吻合。例如，选择 5 个频率 0.275MHz、2.888MHz、7.800MHz、35.976MHz 和 47.011 MHz，其声速值分别为 325.91m/s、330.15m/s、334.32m/s、336.65m/s、337.21m/s，以此重构混合气体 25.1% C_2H_6-74.9% C_2H_4 声速频散谱。与来自 Vally 的 25.1% C_2H_6-74.9% C_2H_4 声速测量值相比较，重构声速频散谱的平均误差仅为 0.015%。因此，频率选择的灵活性以及现有的准确声速测量技术使得本章的方法可以应用于实际。

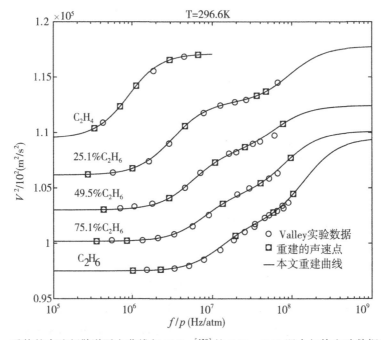

图 5.3　重构的声速频散谱平方曲线与 Vally[130] 的 C_2H_4-C_2H_6 混合气体实验数据比较图

图 5.4 是重构的 $V(\omega)$ 曲线与 Sette[131] 的氯化甲烷 $CHCl_3$ 和 CCl_4 的声速实验数据（"○"）比较图（实验条件：温度为 303K，一个大气压），用 3 个频率点（"□"）重构 $CHCl_3$ 声速频散谱曲线（虚线）和 CCl_4 的声速频散谱曲线（实线）。从图 5.2 和图 5.3 可以看出，由于 $V^2(\omega)$ 的声速平方谱是 S 形曲线，根据数学知识，$V(\omega)$ 的声速平方谱曲线也是 S 形曲线。因此，利用有限个频率点的声速测量值来捕获和分析多弛豫过程的方法是有效和可靠的。根据图 5.1 到图 5.4 重构的结果，当测量频率的最大值和最小值覆盖整个多弛豫过程（即所有的 S 形曲线），本章的方法可以捕获所有的单弛豫过程。当测量频率仅在一个单弛豫过程的范围内，本章的方法将丢失其他的单弛豫过程。然而，由于声速频散谱的串联特性避免了其他弛豫过程的影响，该方法仍旧能精确地捕获和重构单弛豫过程。换句话说，三个频率点重构算法具有相对独立性，能够表示整个 $2N+1$ 个频率重建算法。所以，本章选择具有代表性的三个频率点重构算法的测量误差进行研究，主要研究重构过程中声速频散谱 $V^2(\infty)$、弛豫强度 ε_i 和弛豫时间 τ_i 受所选频率和测量声速值的误差影响。对于三个频率点重构算法，定义 $f_1 < f_2 < f_3$。根据声速的单调性，三个频率点的声速值满足关系 $V^2(f_1) \leq V^2(f_2) \leq V^2(f_3)$。如果 $f_a < f_b$ 而且 $V^2(f_a) > V^2(f_b)$，则测量结果不正确，无法实现声速频散谱重构。表 5.1 表示的是选择三个频率点的声速实验数据重构 CO_2 声速频散谱（图 5.1），温度为 303.4K。其中 $f_1 = 10kHz$ 和 $f_2 = 40kHz$ 为正确的理论声速值，$f_3 = 100kHz$ 的声速值有误差。从表 5.1 中可以看出，$f_3 = 100kHz$ 频率点的声速误差与重建参数 $V^2(\infty)$ 和 ε 两个误差成正比关系，与弛豫时间 τ 误差成反比关系。例如，0.8% 的声速误差将导致 0.69% 的 $V^2(\infty)$ 误差和 6.15% 的弛豫强度 ε 误差，以及 -9.12% 弛豫时间 τ 误差。

表 5.1　　　　$f_3 = 100kHz$ 的声速测量误差对重建声速频散谱三个参数的影响

$V^2(f_3)$ 误差	$V^2(\infty)$ m²/s²	$V^2(\infty)$ 误差	ε	ε 误差	τ (s)	τ 误差
0.8%	8.097×10^4	0.69%	9.422×10^{-2}	6.15%	4.408×10^{-6}	-9.12%
-0.81%	7.946×10^4	-1.18%	8.045×10^{-2}	-9.36%	6.072×10^{-6}	25.20%

类似地，在 $f_2 = 40kHz$ 和 $f_3 = 100kHz$ 的声速值是正确的理论值，$f_1 = 10kHz$ 声速有误差的情况下，$f_1 = 10kHz$ 声速误差与重建声速频散谱三个参数成反比关系，例如，较大的 $f_1 = 10kHz$ 声速误差导致较小的 $V^2(\infty)$ 误差和较小的弛豫强度 ε 误差，以及较小的弛豫时间 τ 误差。最后，在 $f_1 = 10kHz$ 和 $f_3 = 100kHz$ 的声速值是正确的理论值，$f_2 = 40kHz$ 有声速误差的情况下，重建温度为 304.2K 时 CO_2 声速频散谱。通过仿真发现，在低频 f_1 和高频 f_3 的声速测量值精确时，来自频率点 f_2 的声速测量值误差在 ±0.1% 之内是均匀分布的。因此，通过多次测量并对重建结果求平均，可以有效地避免重建结果的误差。随机选择图 5.1 中 CO_2 的五组声速实验数据，每组有三个频率点的测量值点组成，而且满足频率关系 $f_1 < f_2 < f_3$，重建声速频散谱，计算出平均后的 $V^2(\infty)$、ε 和 τ 分别是 8.046×10^4 m²/s⁻²、9.150×10^{-2} s、5.171×10^{-6} s，相应的误差分别是 0.058%、3.14%、6.63%。该误差显然远

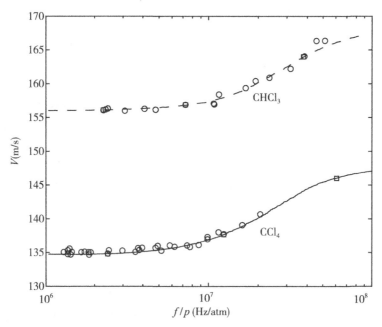

图 5.4　利用 Sette 实验数据重构 $CHCl_3$ 和 CCl_4 声速频散谱曲线

小于表 5.1 中由于 $f_3 = 100kHz$ 的声速测量误差引起重建声速频散谱三个参数误差。这说明利用重构算法通过简单地重复多次测量和平均重建结果,对声速测量误差具有良好的鲁棒性。

　　综上所述,本节首先从分子弛豫的有效热容公式推导出气体中可分解的声速频散模型。与弛豫吸收谱的并行分解不同,一个多弛豫过程的声速频散是内部单弛豫过程的 S 形频散曲线的串行连接。声速频散的串行分解导致 N 个单弛豫过程的弛豫时间和弛豫强度可以通过测量 $2N+1$ 个频率点的声速测量值捕获。与朱明[127]利用 $2N$ 个频率点声速和声弛豫吸收谱测量值来获取 N 个单弛豫过程的弛豫时间和弛豫强度,从而重构声弛豫吸收谱方法相比较,本节提出的方法通过仅增加测量一个频率点的微小代价避免了测量声弛豫吸收谱系数的繁琐操作。因此,该工作提供了一种简单、快捷的声速频散谱重构算法,为下面基于声速谱拐点的气体探测奠定了理论基础。

5.4　基于声速谱拐点的气体探测方法

　　测量绝热声速是一种有效的探测气体的方法。与电化学[132]和激光[133,134]等气体方法相比,利用声速检测气体的传感器具有低成本[135]、高可靠性[136,137]、快速响应[138]和无需校准[51]等优势。研究者研制各种设备测量声速,用来探测混合气体成分。Haber[43]首先利用气体通过哨子时声速的变化来追踪地下矿井空气中氢、甲烷的浓度的大小。在 Haber 方法的基础上,Garrett[44]提出了一直用于分析氢气和甲烷的声波气体分析仪,通过电子温度补偿获得高精准度。Hallewell 等人[50]开发了一种自动化的在线检测器，通过测量声速变化揭示二元混合气体成分的微小波动。总之，上述声速方法只能识别低选择性的二元混合气体，后继的研究者致力于利用声速检测三元及以上混合气体。Lueptow 和 Phillips[51]利用甲烷的声速高于乙烷、丙烷、二氧化碳和氮气这一特征来判断天然气的燃烧特性。Zipser 和 Wächter[53]利用等熵声速和非等熵声速的比率来区分三元混合气体。以上方法在检测混合气体方面取得了一定成绩，然而，上述方法仅能检测具有不同分子量混合气体的声速，无法获得更多的声速信息，无法识别在同样的环境下具有相同分子量导致相同声速的不同混合气体，例如95% CO_2-5% p-H_2、95% CO_2-5% H_2 和 86.9% CO_2-13.1% N_2。

在声弛豫领域，气体声速随分子量和比热容变化，而且随着依赖于频率的有效热容变得频散[109]。在这种情况下，相同分子量的不同混合气体可能具有相同的声速，但是它们发生最明显声弛豫时的弛豫频率不同。由于每个分子有自己唯一的弛豫模式，因此可以通过分子弛豫信息来识别气体成分[59,139]。例如，胡轶等人[59]利用声弛豫吸收谱峰值点的位置来检测混合气体。然而，和测量声速相比较，测量声弛豫吸收谱系数具有较大的误差，从而导致较低的检测灵敏度[56]。利用5.3 节介绍的有限个频率点的声速测量值可以重建声速频散谱的方法，在依赖于频率的声速频散 S 形曲线上，发现声速频散谱曲线的拐点与声弛豫吸收谱峰值点有类似的性质，可以用来检测混合气体。下面的内容将结合5.3 节的声速频散谱快速重建方法和第4章的掺氢混合气体复合弛豫解耦模型，利用声速谱拐点进行气体探测。

5.4.1　证明声速谱拐点可用于探测气体

声速谱拐点是 S 形声速频散谱线上面的一个特殊点，声速谱拐点的频率 f_m 对应着声弛豫吸收谱峰值点的频率，其声速值 V_m 的表达式如下[37]：

$$V_m = \sqrt{(V^2(\infty) + V^2(0))/2} \qquad (5.17)$$

式中，$V^2(0)$ 和 $V^2(\infty)$ 是声速频散谱线平方的最大值和最小值，$V^2(0)$ 和 $V^2(\infty)$ 的表达式如下：

$$V^2(0) = \frac{P_0}{\rho_0}\left(1 + \frac{R}{C_V^{eff}(0)}\right) \qquad (5.18)$$

$$V^2(\infty) = \frac{P_0}{\rho_0}\left(1 + \frac{R}{C_V^{eff}(\infty)}\right) \qquad (5.19)$$

式中，$C_V^{eff}(\infty)$ 是混合气体的外部自由度有效等容热容；$C_V^{eff}(0)$ 代表着外部和内部自由度有效等容热容之和。

由声弛豫知识可知，$V(\omega)$ 和 $\alpha_r(\omega)\lambda$ 随频率变化的本质是气体分子弛豫过程的宏观表象，依赖于混合气体的成分和浓度[140]。图5.5 是二氧化碳在温度为 297K 时的声速频散谱线（虚线）和声弛豫吸收谱（实线）随频率变化图，从图中可以看出，峰值点（"◇"）是钟形的声弛豫吸收谱曲线上的数值最大的一个特殊点，它的数值大小体现了气体弛豫强度，它在 x 轴上的频率是有效弛豫频率[141]。作为声弛豫吸收谱线上一个特殊点，峰值点携带了混合气体声弛豫吸收谱的主要弛豫特征信息。在此基础上，胡铁[59]提出利用声弛豫吸收谱峰值点位置探测气体组分和浓度。同样地，如图 5.5 所示，声速频散谱频散的主要弛豫特征可以用声速谱拐点来表示，声速谱拐点（"□"）是声速频散谱曲线上的一个特殊点，在单调上升的 S 形曲线上面具有唯一性，它的频率 f_m 与声弛豫吸收谱峰值点的频率相同，亦是有效弛豫频率[141]。声速谱拐点的声速值 V_m 仅和 $V^2(0)$、$V^2(\infty)$ 两个固定值之和有关，而 $V^2(0)$ 和 $V^2(\infty)$ 主要反映分子弛豫的能量消耗。因此，理论上声速谱拐点作为特征值用来探测气体成分是可行的。

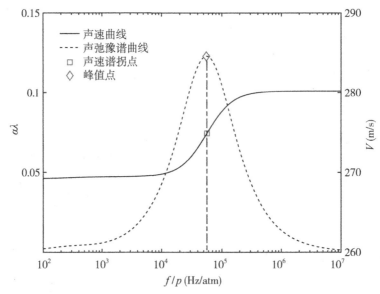

图 5.5　二氧化碳在温度为 297K 时的声速频散谱线和声弛豫吸收谱随频率变化图

为了进一步验证声速谱拐点探测气体成分的可行性，下面利用第 4 章掺氢混合气体的复合弛豫解耦模型预测不同混合气体的声速谱拐点位置分布，如图 5.6 所示。从图 5.6 中可以看出，不同混合气体的声速谱拐点位置有着显著的差异，这是混合气体平均分子量和弛豫过程两个因素造成的。首先，纯气体的分子量按 $CO_2 > N_2 > CH_4 > H_2$ 的顺序递减顺序排列，导致在相同条件下它们的声速数值按照 $CO_2 < N_2 < CH_4 < H_2$ 的顺序递增排列。因此，较轻分子量的 CH_4-N_2 比重分子量的 CO_2-N_2 具有更大的声速值。同样地，随着 H_2 浓度逐渐增大，混合气体 CH_4-H_2 和 CO_2-H_2 的声速值逐渐增大。其次，纯气体弛豫时间的大小按照 $N_2 > CO_2 > CH_4 > H_2$ 的顺序排列，这导致它们相应的弛豫频率以 $H_2 > CH_4 > CO_2 > N_2$ 顺序排列（弛豫频率是弛豫时间的导数）。在图 5.6 中具有相同浓度 N_2 的混合气体中，CO_2-N_2 的弛豫频率低于 CH_4-N_2 的弛豫频率。同样，随着 H_2 浓度的增加，CH_4-H_2 和 CO_2-H_2 的弛豫频率沿着 x 轴从左向右逐渐增大。从图中还可以看出，具有不同成分的混合气体具有不同位置的声速谱拐点。上述这些现象表明利用声速谱拐点的位置可探测混合气体。

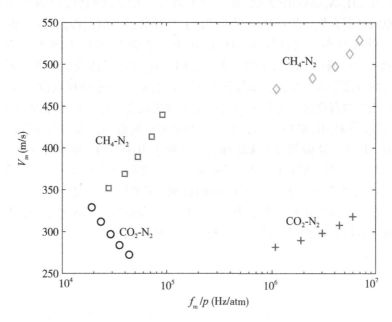

图 5.6 不同混合气体的声速谱拐点在温度为 293K 条件下的位置分布图（从左到右 CH_4 和 CO_2 在 N_2 中浓度分别为 20%、40%、60%、80%、98%。从左到右 CH_4 和 CO_2 在 H_2 中的浓度分别是 75%、80%、85%、90%、95%）

5.4.2 构建探测有效区域

在实际探测过程中，即使获得图 5.6 中的声速谱线拐点的位置，仅靠一个拐点位置的信息来探测气体是不科学的。为了获得准确的探测结果，最好的方法是引入另外一个参数来进行误差判断和探测结果校正。幸运的是，气体的环境温度容易测量，而且测量精度很高，可以作为主要的校准因子。

图 5.7 是利用第 4 章的复合弛豫解耦模型来捕获温度对声速谱拐点的影响，用来构建不同混合气体标准检测区域，其显示了混合气体 CH_4-N_2、CO_2-N_2 和 CH_4-H_2、CO_2-H_2 在不同温度和浓度下的声速谱拐点位置分布图。在图 5.7 中，CO_2 和 CH_4 在背景气体 N_2 浓度从 1% 增加到 99%，步长为 0.1%；CO_2 和 CH_4 在背景气体 H_2 浓度从 68% 增加到 99%，步长为 0.1%；四种混合气体的温度均从 273K 上升到 323K，步长为 0.1K。为简单起见，图 5.7 中只给出了边界条件下的声速谱拐点，图中浅色曲线是指在恒定浓度的混合气体（例如 1% 和 99%CO_2）中温度对拐点位置的影响。深色曲线分别表示拐点的位置在固定温度 273K 和 323K 下随着混合气体浓度变化而变化。CO_2-N_2 和 CH_4-N_2 的拐点位置分布在图 5.7 的左侧两个不同的区域。CO_2-N_2 的标准检测区域位于图 5.7 的左下方，声速范围为 260m/s 至 380m/s，相应的弛豫频率在 10kHz 至 53kHz 之间变化。CH_4-N_2 的有效检测区域位于图 5.7 的左上方，声速范围为 350m/s 至 470m/s，弛豫频率在 25kHz 至 143kHz 之间

变化。CO_2-N_2 和 CH_4-N_2 拐点的分布特征类似于胡轶[59]的弛豫吸收谱峰值分布特征，这种分布类似的原因是混合气体的声速谱拐点和声弛豫吸收谱峰值点都来自相同的声弛豫过程并具有相同的弛豫频率。混合气体 CO_2-H_2 的有效探测区域位于图 5.7 的右下方，而 CH_4-H_2 的有效探测区域位于图 5.7 的右上方，CH_4-H_2 混合气体模拟了我国西气东输工程中掺氢天然气的浓度要求。显然，如果测量声速值合成的声速谱拐点位于有效探测区域，则可以根据图 5.7 的有效探测分布区域定性地识别出混合气体。更为重要的是，对于不同分子量的混合气体 CO_2-H_2 和 CO_2-N_2，它们有相似的声速范围，大约为 267m/s 至 350m/s。在这种情况下，传统气体检测方法无法通过仅依赖于声速不同识别混合气体。然而，它们的声速拐点的弛豫频率不同：CO_2-N_2 声速拐点的弛豫频率范围大约在 11kHz 到 52kHz，CO_2-H_2 声速拐点的弛豫频率范围大约在 460kHz 到 6670kHz。当混合气体有相似或者相同的声速，可以通过不同的弛豫频率来识别。因此，结合温度、声速和声速谱拐点的频率可以在有效探测区域以定量和定性的方式分析混合气体的成分。

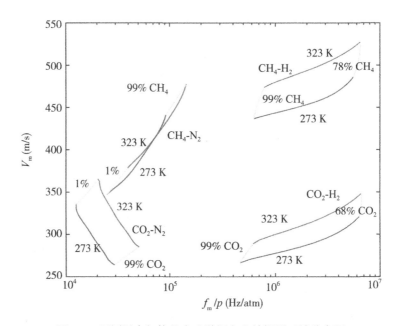

图 5.7　不同混合气体的声速谱拐点有效探测区域分布图

5.4.3　利用声速谱拐点进行气体探测

　　根据 5.3 节的重建算法，利用有限个频率点的声速值重建声速频散谱，然后根据声速频散谱曲线得到声速拐点，将声速谱拐点定位到理论预测的探测区域中，从而判断出混合气体的成分和浓度。图 5.8 显示了混合气体 86.9% CO_2-13.1% N_2 重构的声速频散谱曲线与实验数据的比较图，温度为 303K，一个大气压，图中的符号 "●" 是利用本课题组研制的声学气体实验设备通过时间测量法测量得到的声速，该实验设备的详细内容将在第 6 章介绍。为了更好地将重建声速频散谱算法与实验结果相比较，本章通过改变气体压强的方法测量了更多频率点的声速值。在测量过程中，采用了 7 组分别工作在固定频率 25kHz、40kHz、75kHz、100kHz、300kHz、400kHz 的超声波换能器，气体压强的变化范围分别为 0.6、0.8、1、2、4、6、8 个大气压，相应扩展的频率范围为从 3.125kHz 到 666.6kHz。重建声速频散谱的三个频率点是 4.167kHz、40kHz、500kHz，相应的声速测量值分别是 $V_1 = 278.55\text{m/s}$、$V_2 = 283.33\text{m/s}$ 和 $V_3 = 290.0\text{m/s}$（图 5.8 中用"□"表示）。将这三个频率点的声速测量值代入声速频散谱重建公式得到三个方程，最后计算出声速频散谱拐点（$f_m = 46.777\text{kHz}$ 和 $V_m = 284.28\text{m/s}$），如图 5.8 中"■"所示。黑色实线是用 5.3 节重构算法得到的声速频散谱曲线。

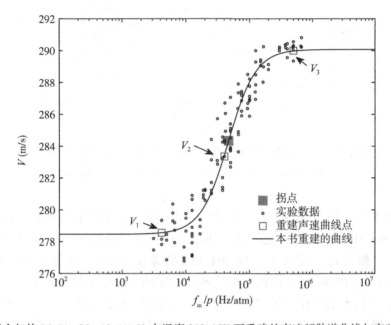

图 5.8 混合气体 86.9% CO_2-13.1% N_2 在温度 303.15K 下重建的声速频散谱曲线与实验数据比较

图 5.9 显示的是 95% CO_2-5% H_2 和 95% CO_2-5% p-H_2 声速重建。图中符号"△符号"和"○"来自 Benhnen[97] 的声速实验数据（实验条件：温度 303.15K，一个大气压）。符号"□"代表重构声速频散谱曲线选择的三个频率点 125KHz、500kHz、6 MHz，对应的声速值分别是 $V_1 = 279.12\text{m/s}$、$V_2 = 283.02\text{m/s}$ 和 $V_3 = 290.64\text{m/s}$，实线代表有上述三个频率点的重建声速频散谱曲线。符号"■"代表由实线计算得到的 95% CO_2-5% H_2 声速谱拐点（$f_m = 699\text{kHz}$ 和 $V_m = 284.8\text{m/s}$），黑色符号"■"代表由虚线计算的 95% CO_2-5% H_2 声速谱拐点，其中虚线是由第 4 章的掺氢混合气体解耦模型理论计算得到 95% CO_2-5% H_2 的声速频散谱曲线。

下面利用声速谱拐点的定位进行气体探测。首先，利用声速谱拐点进行定性气体探测。如果声速谱拐点定位到图 5.7 中 CO_2-N_2 的标准探测区域，那么未知气体将识别为 CO_2-N_2。同样地，如果图 5.9 的声速谱拐点（$f_m = 699\text{kHz}$ 和 $V_m = 284.8\text{m/s}$）定位到图 5.7 中 CO_2-H_2 的标准探测区域，那么未知气体将识别为 CO_2-H_2。其次，利用声速谱拐点

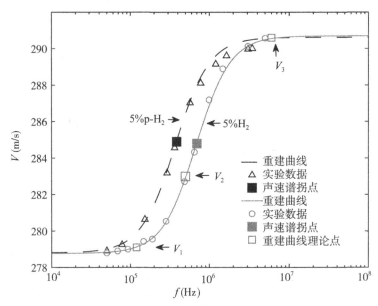

图 5.9　混合气体 5% p-H_2-95% CO_2、5% H_2-95% CO_2 在温度为
303.15K 条件下重建的声速频散谱曲线与实验数据比较

进行定量气体探测。图 5.10 显示了利用声速频散谱重建得到的拐点在标准探测区域的具体定位。在图 5.10（a）中，"□"来自图 5.8 的声速谱拐点（$f_m = 46.777$kHz 和 $V_m = 284.28$m/s，"■"），一条来自温度 303.15K 的虚线和另外一条来自浓度 86.9% CO_2-13.1% N_2 虚线交叉在该点上，因此未知气体识别为 86.9% CO_2-13.1% N_2。

同样地，在图 5.10（b）中，"□"来自图 5.9 的声速谱拐点（$f_m = 699$kHz 和 $V_m = 284.8$m/s，"■"），一条来自温度 303.15K 的虚线和另外一条来自浓度 95% CO_2-5% H_2 虚线交叉在在该点上，因此未知气体识别为 95% CO_2-5% H_2。86.9% CO_2-13.1% N_2 和 95% CO_2-5% H_2 具有相同的分子量和相近的比热容，因此在温度 303.15K 下，它们具有近似的声速值，仅依赖于不同声速的传统气体方法难以区分它们。但是，在本节提出的基于声速谱拐点定位方法中，它们有不同的弛豫频率，可以定量和定性地区分它们。图 5.10（b）显示了混合气体 CO_2-H_2 和 CO_2-p-H_2 声速谱拐点标准探测区域图，H_2 的浓度从 1% 增加到 10%，温度从 273K 变化到 323K，图中"□"来自图 5.9 的声速谱拐点（"■"）。由于常温下 p-H_2 和 H_2 具有相同的分子量和微弱差异的热容，导致 95% CO_2-5% H_2 和 95% CO_2-5% p-H_2 具有极其相似的声速，这种现象仅依赖于不同声速的传统气体传感方法更加难以解决。

本节提出的基于声速谱拐点定位方法利用不同的弛豫频率可以区分它们：95% CO_2-5% H_2 的弛豫频率为 $f_m = 699$kHz，而 95% CO_2-5% p-H_2 的弛豫频率为 $f_m = 388$kHz。但是从图 5.10 中可以发现，CO_2-H_2 和 CO_2-p-H_2 的部分探测区域是重叠的。例如，在图 5.10（b）中 CO_2-H_2 的部分探测区域位于 CO_2-p-H_2 的探测区域中，从而导致错误的探测。在这

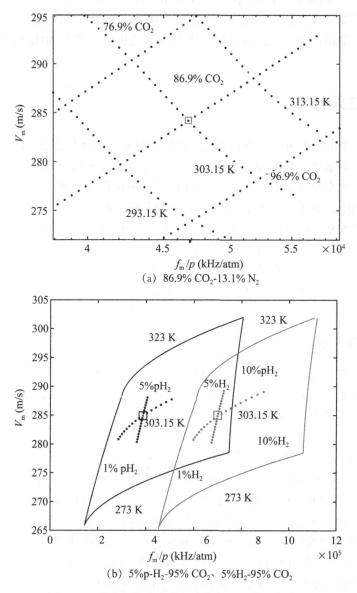

(a) 86.9% CO_2-13.1% N_2

(b) 5%p-H_2-95% CO_2、5%H_2-95% CO_2

图 5.10　混合气体声速谱拐点在探测区域的定位图

种情况下，可以利用精密的温度测量仪器消除错误的探测结果：在黑色 CO_2- p-H_2 的探测区域内，符号"□"声速谱拐点（f_m = 699kHz 和 V_m = 284.8m/s）95% CO_2-5% H_2 被识别为温度为 291K 时混合气体 90.5% CO_2-9.5% p-H_2。通过声速谱拐点定位探测的温度 291K 与实际测量温度值 303.15K 比较，可以发现探测结果 90.5% CO_2-9.5% p-H_2 是错误的。

　　文献[58，61，85，124]提出利用声弛豫特性、声弛豫峰值点定位或者有效弛豫热容等方法进行混合气体的探测。与这些联合测量声速和声吸收使用复杂设备的方法相比，本节提出的方法仅测量声速，可以用简单的测量设备来实现。特别地，经典吸收信号在高频阶段（MHz 以上）随频率平方骤然增大，相应的气体声弛豫吸收信号淹没在巨大的噪声中，导致获取声弛豫吸收谱的难度增大。据本书探究，基于声速谱拐点定位的气体传感技术不仅是一种简单快速的方法，而且是气体声学弛豫传感技术在 MHz 频率范围内唯一的方法。

5.5　探测结果校正

根据 5.4 小节的内容可知，声速谱拐点的位置决定了气体传感方法的准确性，本节评估测量的声速值对最终获得的声速谱拐点位置（气体浓度和探测温度）的影响。在实际测量中，在 3 个频率点可能有一个声速测量和两个声速误差，或者三个声速值都出现误差。在实际应用中，如果 3 个频率的声速值均出现测量误差，这些测量数据可以舍弃，重新测量。由于图 5.9 中掺氢混合气体 p-H_2-CO_2 和 H_2-CO_2 来自 Benhnen[97]实验数据与理论曲线基本吻合，误差较小，不具有代表性；没有合适的掺氢混合气体实验数据（氢气易燃易爆，学校为了安全，没有批准掺氢混合气体实验请求），因此本节讨论的测量误差均来自图 5.9 中混合气体 86.9% CO_2-13.1% N_2实验数据，温度为 303.15K，该实验数据具有同样的代表性。

5.5.1　测量误差分析

首先假定声速的测量误差发生在三个固定频率点的其中一个，而其他两个频率点的声速测量值是正确的。图 5.11 显示了重建声速频散谱三个频率点 f_1 = 4.667kHz、f_2 = 40KHz、f_3 = 500kHz 在误差约为 1% 时，相应的声速拐点变化，这几乎是图 5.11（a）中最大的测量误差值。

从图 5.11（a）中可以看出，获得的声速谱拐点位置随着声速值 V_1 的升高从左到右逐渐升高。较大的声速值 V_1 导致较大的声速谱拐点声速 V_m；同样地，图 5.11（c）声速值 V_3 的变化对声速谱拐点的声速 V_m 的影响与 V_1 一致。与之相反的是，图 5.11（b）中随着 V_2 增大或者减小，声速谱拐点的声速值 V_m 保持不变，相对应的频率围绕理论值波动，大的声速值 V_2 导致声速谱拐点的声速值 V_m 频率变小，小的声速值 V_2 导致声速谱拐点的声速值 V_m 频率变大。造成图 5.11（b）声速谱拐点的声速值保持不变这种现象的原因是声速谱拐点的声速值仅依赖于声速谱的极限频率点的声速值 $V^2(\infty)$、$V^2(0)$ 之和差，与声速值 V_2 的大小无关。

图 5.12（a）（b）（c）显示了探测结果中浓度 ξ 和温度 T 的相对误差随着三个声速值的相对误差变化图，这些相对误差的计算来自图 5.11（a）、（b）、（c）。如图 5.12（a）所示，V_1 的较大相对误差导致探测结果中浓度 ξ 和温度 T 具有较大的正相对误差，这种正比趋势也出现在图 5.12（c）声速值 V_3 和探测到的浓度 ξ 和温度 T 之间。不同的是，图 5.12（b）V_2 的趋势与之相反，V_2 较大的相对误差导致探测到的浓度 ξ 和温度 T 具有较大的负相对误差，两个相对误差之间成反比关系。

值得注意的是，图 5.12 中声速的相对测量误差和温度的相对探测误差之间均显示出准线性关系。根据计算机仿真速度和温度之间的关系，本章给出了一个函数作为校正因子

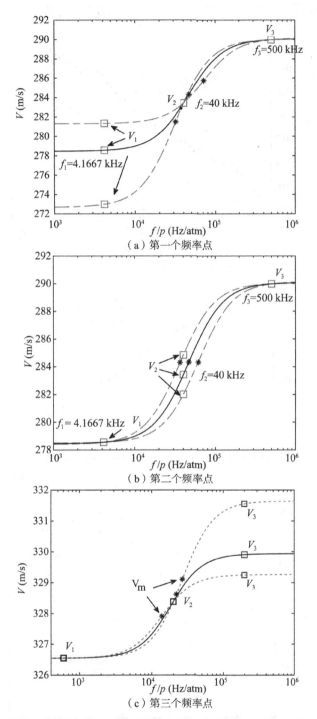

(a) 第一个频率点

(b) 第二个频率点

(c) 第三个频率点

(实线表示用理论声速值重构的声速频散谱曲线。虚线表示利用有误差的声速测量值构建的声速频散谱曲线。符号 "＊" 表示合成的声速谱拐点；"□" 表示用来重构声速频散谱曲线的三个声速值)

图 5.11 合成声速谱拐点的位置随着低、中、高三个频率点声速值的变化而改变

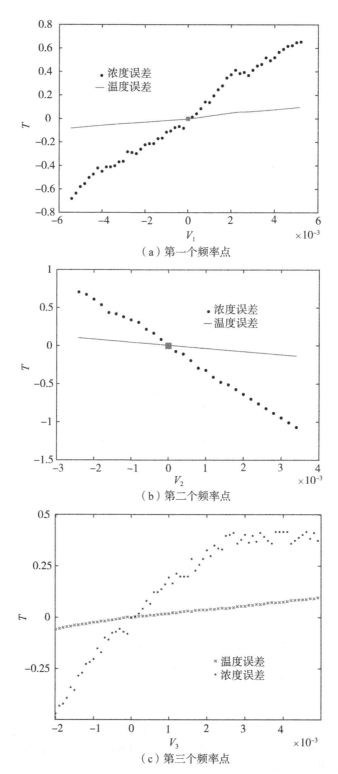

图 5.12 气体浓度 ξ 和温度 T 的探测误差依赖于图 5.11 中测量的声速误差的结果

如下：

$$\Delta V_e = \frac{\sqrt{\Delta T_e}}{1000} \tag{5.20}$$

式中，ΔV_e 是需要校正声速的相对测量误差，ΔT_e 代表实际环境温度和探测得到的温度之间的相对误差。

5.5.2 探测结果校正

在声速的实际测量中，经常出现的是有一个声速测量误差的情况。因此，本节首先讨论 3 个声速重建点有一个声速误差的校正情况。选择的 3 个测量声速值分别为 $V_1 = 279.3 \text{m/s}$、$V_2 = 283.3 \text{m/s}$、$V_3 = 290.1 \text{m/s}$，频率分别为 4.167kHz、40kHz、500kHz（图 5.13（a）中符号"●"）。由这三个声速值重建声速频散谱得到的声速谱拐点坐标是（$f_m = 52.66 \text{kHz}$ 和 $V_m = 284.77 \text{m/s}$），显示在图 5.13（b）距离符号"◇"最远的"○"，将该声速谱拐点定位到 CO_2-N_2 有效探测区域，探测到混合气体成分是 92% CO_2-8% N_2，温度为 310.6K。通过将探测的温度 310.6K 与实际的环境温度 303.15K 相比较，显然探测结果是不正确的。根据上面对测量误差的分析，这个探测误差可能是由较大的 V_1、较大的 V_3，或者较小的 V_2 引起的。这里较小或者较大表示测量的声速值 V 是小于或者大于理论值。

下面利用校正因子来校准错误的探测结果。首先，假设测量误差来自 $V_1 = 279.3 \text{m/s}$。在探测温度 310.6K 和实际环境温度 303.15K 之间，相对温度误差 ΔT_e 是 2.46%，通过校正函数式（5.20），计算得到相应的校正因子 $\Delta V_e = 0.016\%$。将 V_1 从 279.3m/s 减小 0.016%，合成声速拐点。重复上述步骤，V_1 不间断修正直到 ΔT_e 近似为零，且正负符号无变化，图 5.13（b）符号"○"反映该修正值对应的声速拐点，箭头表示修正方向，最终修正得到的声速拐点和理论预测值的声速拐点坐标"◇"几乎重合，最终结果为 86.9% CO_2-13.1% N_2，温度为 303.6K。其次，假定测量误差来自 $V_2 = 283.3 \text{m/s}$ 和 $V_3 = 290.1 \text{m/s}$（虽然它们是正确的测量结果）图 5.13（b）中的符号"+"和"□"分别表示来自 V_2 和 V_3 温度校正重建的声速谱拐点轨迹，探测结果如表 5.2 所示。从表 5.2 可以看出，对于一个声速测量误差情况，即使不知道哪个测量点出现误差，本节的校正方法均可以将最大误差限制在 0.2% 以内（误差是以 CO_2 的绝对浓度误差为基准的）。

表 5.2 　86.9% CO_2-13.1% N_2 在 $T = 303.15 \text{K}$ 时的一个声速测量误差的拐点修正

测量误差源	最终拐点坐标	探测温度	最终探测结果	误差
$V_1 = 279.3 \text{m/s}$	$f_m = 47.19 \text{kHz}$, $V_m = 284.21 \text{m/s}$	303.6K	86.9%CO_2-13.1%N_2	0
$V_2 = 283.3 \text{m/s}$	$f_m = 46.56 \text{kHz}$, $V_m = 284.75 \text{m/s}$	302.8K	86.8%CO_2-13.2%N_2	0.1%
$V_3 = 290.1 \text{m/s}$	$f_m = 47.29 \text{kHz}$, $V_m = 284.10 \text{m/s}$	304.4K	86.7%CO_2-13.3%N_2	0.2%

为了进一步验证温度校正因子方法，下面考虑三个频率中出现两个声速测量误差的情况。选择频率为 3.125kHz、40kHz、500kHz 的三个声速实验值进行讨论，相应的声速值

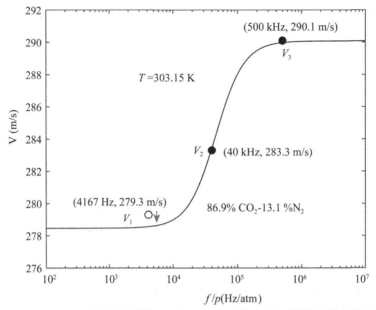

（a）实线：理论声速频散谱曲线；符号"○"：重构声速频散谱曲线的声速值

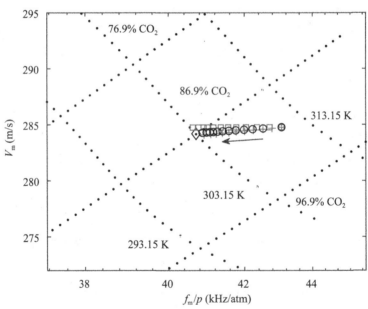

（b）符号"□"、"○"和"+"：修正的声速谱拐点。"◇"：理论声速值对应的
　　声速谱拐点。箭头：修正方向

图 5.13　混合气体 86.9%CO_2-13.1%N_2 的 3 个频率点有一个声速测量误差和
　　　　　修正过程的声速谱拐点分布图（温度为 293.7K）

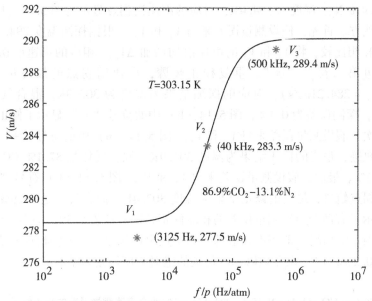

（a）实线：理论的声速频散谱线；符号"*"：重构声速频散谱曲线的声速值

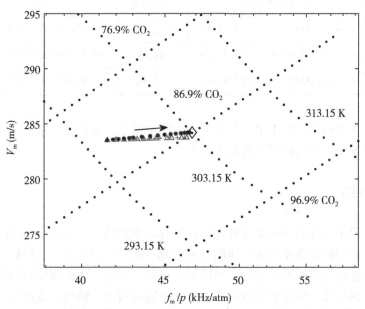

（b）温度校正结果：符号"*"、"+"、"△"：对有误差的声速测量值经过
修正后得到的相应声速谱拐点；"◇"：理论预测的声速谱拐点定位；箭
头代表校正声速误差的方向

图 5.14　混合气体 86.9%CO_2-13.1%N_2 的 3 个频率点有二个声速测量误差和修正过程的
声速谱拐点分布图（温度为 293.7K）

分别为 $V_1 = 283.3m/s$、$V_2 = 277.5m/s$、$V_3 = 289.4m/s$（图 5.14（a）中符号"*"，第 1 和第 3 个声速测量有误差）。利用本章提出的基于声速谱拐点定位方法，最初的探测结果是 83.6% CO_2-16.4% N_2、温度为 294.4K，对应的声速谱拐点显示为图 5.14（b）最左边的符号"△"的地方。首先，假设测量误差来自 V_1 和 V_3。根据探测温度 294.4K 与实际测量温度 303.15K 相比较，将 V_1 和 V_3 的声速值均增加 ΔV_e，相应的声速谱拐点显示在图 5.14（b）左边第二符号"*"。重复校正步骤，声速谱拐点的最终位置为（$f_m = 46.61kHz$ 和 $V_m = 284.21m/s$），对应的探测结果为温度为 302.9K，混合气体为 86.8% CO_2-13.2% N_2，探测误差为 0.1%，图 5.14（b）中的符号"*"显示了修正后的声速谱拐点轨迹。其次，假设测量误差来自 V_2 和 V_3，图 5.14（b）中的符号"+"代表修正后的声速谱拐点轨迹，最终的修正结果为温度 301.9K，混合气体是 87.1% CO_2-12.9% N_2，探测误差为 0.2%。最后，假设测量误差来自 V_1 和 V_2，图 5.14（b）符号"△"代表了修正的声速谱拐点轨迹，最终的修正结果为温度 302.4K，混合气体是 86.9% CO_2-13.1% N_2。表 5.3 显示了有两个声速测量误差的相应修正结果。从表 5.3 中可以看出，对于出现两个声速测量误差的情况，即使不知道哪些测量点出现误差，本节的校正方法均可以将最大误差限制在 0.2% 以内（误差是以二氧化碳的绝对浓度误差为基准的）。

表 5.3　**86.9% CO_2-13.1% N_2 在 $T = 303.15K$ 时的两个声速测量误差的拐点修正**

测量误差源	最终拐点坐标	探测温度	最终探测结果	误差
V_1 和 V_3	$f_m = 46.61kHz$, $V_m = 284.21m/s$	302.9K	86.8%CO_2-13.2%N_2	0.1%
V_2 和 V_3	$f_m = 46.43kHz$, $V_m = 283.75m/s$	301.9K	87.1%CO_2-12.9%N_2	0.2%
V_1 和 V_2	$f_m = 46.26kHz$, $V_m = 283.87m/s$	302.4K	86.9%CO_2-13.1%N_2	0

总之，无论 3 个频率点有 1 个还是 2 个声速测量误差，无论是否知道误差来自哪个频率，本节的误差校正方法均能很好地减小误差。

5.6　本章小结

本章首先介绍了几种利用声弛豫特性进行气体探测的方法，指出了现有方法的不足；然后重点介绍了利用固定频率点的声速测量值重建声速频散谱的方法。最后，提出了基于声速谱拐点定位进行气体探测的方法：利用第 4 章掺氢混合气体解耦模型构建了理论有效探测区域；通过测量几个固定频率点的声速重建声速频散谱，快速合成声速谱拐点；将得到的声速谱拐点定位在探测区域中以识别气体成分和浓度，并通过温度校正有效地消除了探测误差。与现有的探测技术通过复杂设备测量声弛豫吸收谱和声速值相比[37,59]，本章提出基于声速谱拐点的气体探测的方法仅依赖于简单的设备测量声速值，为气体传感和工业监测提供了一种实用可行的方案。

第6章　声学气体实验设备与实验测量

声学气体实验设备主要用于验证气体弛豫的理论。本章在实验室前期实验设备的基础上，研制了新型声学气体实验设备。

6.1　声学气体传感器工作原理

在声传播过程中，气体的声弛豫吸收谱和声速频散谱具有随着气体组分浓度变化而改变的特性。声学气体实验设备正是利用该特性来探测气体的。目前国内外研究小组关于声学气体实验设备的研制主要是为了获得实验数据，验证理论预测结果，还没有在工业上应用的案例。声学气体实验设备的工作流程是：测量已知气体的声弛豫参数和环境条件，利用测量得到的实验数据从反向预测混合气体的气体成分和浓度；根据预测结果修改理论模型，利用正确的理论模型构建标准的气体声弛豫参数数据库，并将该实验设备的测量值与数据库数值进行比较，获得气体的成分和浓度，最终应用在工业上，来探测未知气体。

声学气体传感器的工作原理如图 6.1 所示，虽然本书在第 2 章以平面波传播立论，但是平面波只是理想化的波，在实际生活中没有真正的平面波，实际应用的超声波换能器发出的是有 7%~8%角度扩散的球面波，由于扩散角度小，近似为平面波。声波信号在气体弛豫过程的传播和衰减分别如图 6.2 所示。假定超声波换能器发送端和接收端之间的距离为 Δx，发送和接收信号之间的时间差用 Δt 表示，根据声速的公式 $V = \Delta x / \Delta t$，可以计算出声速。声弛豫吸收谱系数的测量比较复杂。声波在传播过程中，声压的幅度变化与声源的最初振幅 p_0 和传播距离成正比 $p(x) = p_0 \mathrm{e}^{-\alpha x}$。由于直接测量声信号非常困难，在实际的测量中，一般使用超声波换能器实现电信号和声信号的能量转换，根据换能器的电压幅值与声压幅值成正比，最终可以通过示波器测量发送信号 v_e 和接收信号 v_r 之间的电压幅值比 $\ln(v_e/v_r)$ 与不同距离 Δx 的比值，从而计算出声吸收系数，$\alpha = [\ln(v_r/v_e)]/\Delta x$。

图 6.1　声学气体传感器的工作原理

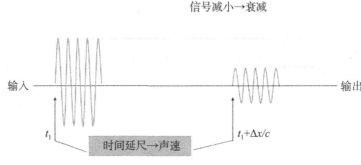

图 6.2　声波信号在气体弛豫过程的传播和衰减

　　声学气体传感器主要是为了获得气体的声速、声吸收系数和声频率。具体测量参数主要有超声波发送端和接收之间的距离、发送信号与接收信号的幅度比，发送信号与接收信号之间的时间差、对应的声频率、实验腔体内气体的温度、压强和密度。本书利用示波器测量发送和接收端信号的电压幅值和时间延迟。发送端和接收端之间的距离可以通过步进电机的转角、速度和方向来进行计算。温度、压强和密度的测量相对简单，工业上有成熟的技术和产品。实验测试的气体或者混合气体一般来自专业的生产厂家，按照需求可以配置精度很高的所需气体。具有收发功能的超声波换能器是声学气体传感器的核心测量设备，然而仅有声学气体传感器还是不够的，需要相应的声学气体实验设备。

6.2　国内外气体超声实验设备研究

　　为了获取整条声弛豫吸收谱或者声速频散谱曲线，需要采用不同频率的超声波换能器在比较宽的频率范围内测量各个频率点的声速和声弛豫吸收谱系数。然而，市场上的单个超声波换能器产品工作频率一般是固定的，没有频率可变的超声波换能器产品。在这种情况下，重构声弛豫吸收谱或者声速频散谱曲线需要数量庞大的超声波换能器，在实际操作中难以实现。因此，单纯地通过改变超声波传感器的频率进行宽频率范围测量不易实现。目前比较通用的方法是利用弛豫频率与气体压强成反比，通过改变气体压强来获得较宽的频率测量范围。例如，Ejakov 等[55]设计了一个测量多种混合气体超声弛豫特性的实验设备，如图 6.3 所示，E 表示超声波换能器发送端，R 表示对应的接收端，立柱 1~5 上装载有 4 组发送–接收超声波换能器，频率分别为 92kHz、149.1kHz、215kHz 和 1 MHz；1、3、5 模块固定，步进电机使模块 2 和 4 移动，从而控制收发超声波换能器之间的距离，步进电机每步的间距为 0.001cm。超声波传感器密封在一个圆柱形腔体内，腔体直径为30.5cm，长度为91.5cm。每组收发超声波换能器距离范围为 0.762~19.812cm。高压法兰用来密封腔体。

　　Ejakov[55]研制的实验设备在实际测量过程中需要测量多个频率点的声速和声弛豫吸收谱系数。为了减少测量点，Petculescu[57]利用两个固定频率点处的声速值和声弛豫吸收谱系数重建分子弛豫过程，研制了如图 6.4 所示的实验设备。该设备腔体为长方体，尺寸

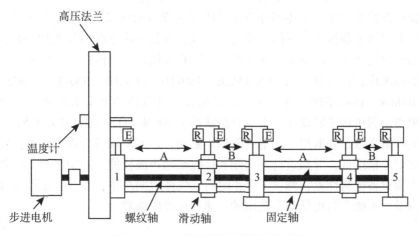

图 6.3 Ejakov 研制的实验设备结构图

为 70mm×43mm×69mm，一共有 2 组收发超声波换能器，它们之间的距离为 2cm，相互垂直。T1 和 T2 是发射超声波换能器，R1 和 R2 是接收超声波换能器。气体流动方向与两组收发超声波换能器垂直。该实验设备的优点是结构简单、只有两组固定频率换能器，对单弛豫过程的气体有较好效果。缺点是发射超声波和接收超声波距离固定，对于多弛豫过程的混合气体来说，两个频率点的测量值只能捕获一个弛豫过程，会遗漏气体的其他弛豫过程。

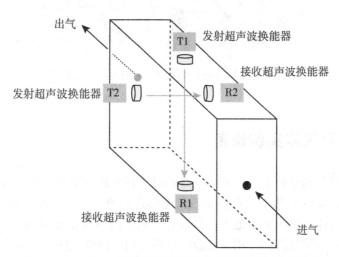

图 6.4 Petculescu 研制的超声气体实验设备的几何示意图

此外，Toda[142]研制了一个高速测量声速的超声气体弛豫装置，如图 6.5 所示。该装置只有一组压电式收发超声波换能器，频率为 400kHz，发送端和接收端之间的最小距离为 3mm，可以通过旋钮增大收发端之间的距离。超声信号的传播方向与气流方向垂直。

Toda 利用该实验设备来测量声速，无法测量声弛豫吸收谱系数。

　　本实验室课题组总结了上述国外声学气体实验设备的优缺点，结合实验室实际情况，并在此基础上研制了前期声学气体实验设备。该装置核心声学传感器模块实物图如图 6.6 所示，前期声学气体实验设备如图 6.7 所示。图 6.6 核心声学传感器模块主要由 5 组收发超声波换能器组成，信号频率分别为 75kHz、100kHz、200kHz、300kHz 和 400kHz。导轨的行程是 100mm，接收端固定在一端，发送端在步进电机的驱动下移动，改变收发换能器之间的距离。利用该实验设备，本项目组获得了 100% CO_2、50% CO_2 和 50% N_2 的声速和声弛豫吸收谱系数，并取得了一定的效果。然而，该实验设备有以下缺点：导轨行程过短；导轨的定位精度低，导致进行发射端和接收端超声波换能器的距离测量时会有一定的误差；该实验设备密封性差，测量 1 个小时后，气体泄漏严重；而且只能进行负压至 1 个大气压的测量，不能获取更低频率范围的声速和声吸收系数。

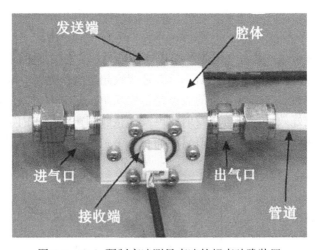

图 6.5　Toda 研制高速测量声速的超声弛豫装置

6.3　新型声学气体实验设备

　　在前期实验设备的基础上，本实验室课题组研制了新型实验设备。与前期实验设备比较，新型实验设备有以下几个优点：①不仅能够进行真空负压实验，还能够进行高压实验，拓宽了实验气体的测量频率范围；②核心传感器的导轨精度更高，光学定位更准确；③实验设备有专门的尾气清扫，用于实验结束后清扫腐蚀性气体，例如氢气；④腔体内部有自带光源的摄像头，能够监控腔体内部情况；⑤在腔体的不同位置放置数字温度计，监控腔体内部的温度。腔体内置的风扇能够加强气体流动，保持混合气体的均匀性、腔体内气体温度的一致性；⑥腔体内部放置电炉，腔体外部缠绕加热带，实现腔体外部和内部同时加热，保证实验过程中气体温度达到实验预定值。

图 6.6 前期声学气体装置的核心传感器模块实物图

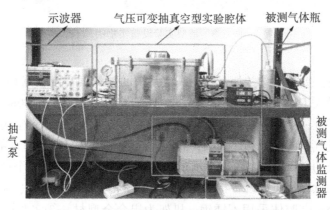

图 6.7 前期声学气体实验设备整体实物图

6.3.1 总体设计方案

新型实验设备又叫高低压气体超声实验设备，主要测试气体在不同的压强、频率和温度环境下的弛豫声学特性。实验设备分为：真空系统、高压系统、充排气控制系统、压强测量系统、电控系统等，主要有测量正压的压力计和测量负压的真空表、不锈钢腔体、摄像头、温湿度表、真空泵、阀门、气体管道、气瓶、可移动机柜等配套设备。真空系统和高压系统分别配备高精度真空和高压测量传感器，用于实时监测腔体内部气体压力。真空系统和高压系统隔离，高压系统有 1MPa 和 2MPa 二级安全保护阀门。腔体门的 16 个螺钉和密封垫保证了腔体的良好密封性。实验设备配备独立的充排气体控制系统，方便控制腔体内部气体压强。新型实验设备实物图如图 6.8 所示。

总之，新型实验设备根据气体的声速和声弛豫吸收谱系数均依赖于频率/气体压强（f/p）这一特性，通过改变气体压强的大小，实现超声波换能器固定频率所不能达到的频率测量范围。该实验设备覆盖−0.01 个大气压至+30 个大气压，在理论上可以测量 1kHz～10 MHz 宽频段的气体声速和声弛豫吸收谱系数。该装置模拟了工业上的气体检测环境，可满足目前声学气体理论研究的实验需求。

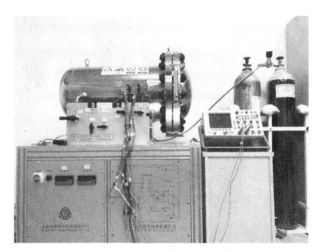

图 6.8　新型实验设备实物图

新型实验设备主要技术参数如下：①真空系统的最低真空度在 0.01 个大气压；②高压系统设计腔体最大工作压力≤30 个大气压；③腔室内部尺寸：150mm（宽）×240mm（高）×600mm（深）；④控制阀集成面板一共有 9 个阀门，分别是真空阀、泄压阀、破空阀以及控制 2 个进气口的阀门和保护阀；⑤压力仪表 A 和 B 显示腔室内部气体的压强，A 仪表显示真空系统的负压值，B 仪表显示正压系统的气体压强；⑥两个进气口，一个出气口，有尾气收集的软管接口。设备特点：①在考虑维护方便的前提下，系统整体布局紧凑合理，占地面积小；②腔体采用不锈钢，机架为铝合金型材；③实验设备具有独立的电控、气压控制系统。下面具体介绍各部分功能：

1）实验腔体

腔体适用于空气、二氧化碳、氮气、甲烷、氢气等气体的测量。腔体既能够承受正压至 30 个大气压，又能承受负压至 0.01 个大气压；腔体为圆柱体，一端开口，方便腔体内装入设备，腔体内提供可供固定测试物品的底座或支架，以固定腔内实验设备。腔体有 4 个耐高压航空 19 芯插头，两两对接，构成一个长方体的微型安全辅助腔体。该辅助腔体有两个作用：①在实验过程中主要防止连接腔体内外的耐高压航空插头的微量气体泄漏；②实验结束后，可利用该辅助腔体对实验腔体内部气体进行清洗和尾气吹扫。图 6.9、图 6.10、图 6.11 分别是实验腔体剖面图、实验腔体和平台尺寸图、实验腔体阀门控制面板图。控制面板的阀门如图 6.11 所示。

2）真空泵和实验平台

真空泵是真空系统的主要设备。真空泵采用进口双极旋片真空泵，抽速为 16m3/h，极限真空可达到 1 Pa 以内，放置于移动机柜内；泵内有真空计；真空泵有尾气收集软管，

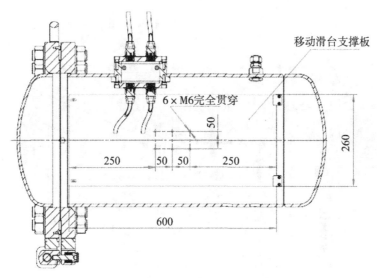

图 6.9 实验腔体剖面图

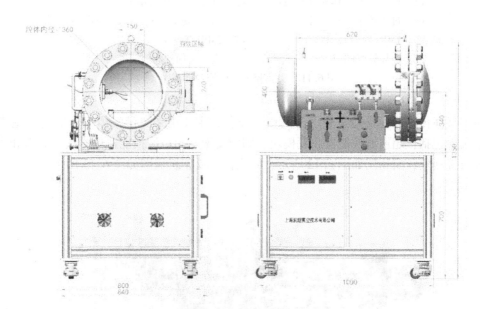

图 6.10 实验腔体和平台尺寸图

方便真空泵排气到室外。为了能承受正压,真空泵与腔体的接口之间有高压阀,将真空系统与正压系统隔离。

实验平台是可移动机柜,尺寸是 1000mm×600mm×700mm;有 4 个可固定的脚轮,可移动可固定;机柜前后都可以开门;机柜左右两面分别安装两个风扇,全面散热;真空泵内置于机柜。

3) 声学气体传感器模块

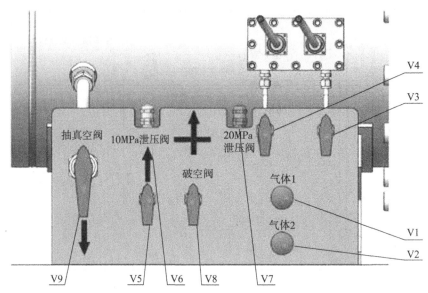

V1、V2：工艺气体充气阀门；　　　V3：过渡腔体清洗阀门；

V4：过渡腔体排气阀门；　　　　　V5：1MPa 安全阀的前级保护阀门；

V6：1MPa 安全阀门；　　　　　　V7：2MPa 安全阀门；

V8：腔体排气阀门；　　　　　　　V9：真空泵抽气阀门。

图 6.11　实验腔体阀门控制面板图

声学气体传感器模块是实验设备的核心设备，主要用来测量气体分子的超声弛豫特性。它主要包括：超声波换能器收发模块、固定支架、超声波换能器信号线、导轨和步进电机模块等模块；实物图如图 6.12 所示，收发固定支架机械图如图 6.13 所示。

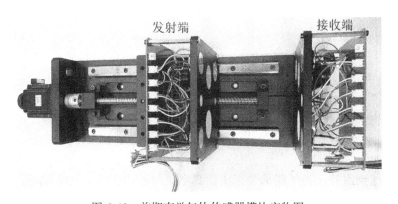

图 6.12　前期声学气体传感器模块实物图

超声换能器收发模块主要由 7 组超声波换能器组成，换能器的固定频率分别为 25kHz、40kHz、75kHz、100kHz、200kHz、300kHz 和 400kHz。（收发换能器固定支架有

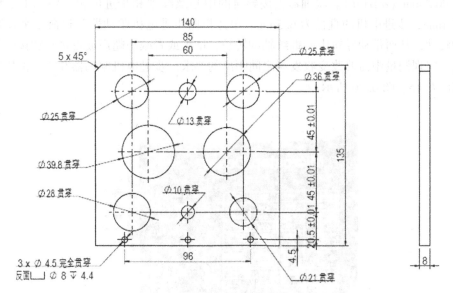

图 6.13　超声波换能器的收发固定支架机械图

八个孔，多余一个孔是备用孔）每个超声波换能器需要信号线和接地线 2 根，7 组超声波换能器一共需要 14 根信号线，外加发送端和接收端放大电路的+5 V 电源线、接地线和−5 V 电源线，一共 20 根信号线。分别用不同颜色的导线表示不同频率的换能器信号线，并贴上标签，防止混淆。信号线和电源线通过 2 个 19 芯的耐高压航空插头从腔体内引出，中间有一个小长方形腔体作为安全辅助缓冲，最终在经过外面 2 个 19 芯的耐高压航空插头引出，如图 6.14 所示，供测量使用。

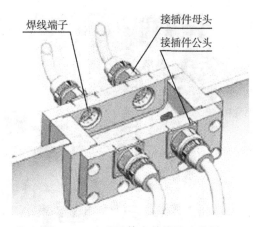

图 6.14　实验腔体内外线路连接图

导轨和步进电机模块主要包含导轨平移台、步进电机、步进电机驱动电路和联轴器等部件。导轨平移台采用高精密滚珠丝杆和精密导轨，定位精度高，行程 200mm，分辨率可达 0.0025mm（8 细分）。联轴器连接导轨的中心螺纹轴和步进电机。导轨中心螺纹轴的直径 4mm，步进电机的直径为 6.5mm。单片机向步进电机驱动器发送命令来控制步进电机的转动，从而带动导轨中心螺纹轴的转动，增大或者减小超声波发送端和接收端之间的距离，实现测量中需要改变收发端之间距离的要求。步进电机驱动器和驱动模块电路板分别如图 6.15、图 6.16 所示。

图 6.15　步进电机驱动器

图 6.16　步进电机驱动模块电路板

4）测量仪器和其他设备

测量仪器主要包括示波器、温湿度表、气体压强计等仪器。示波器主要用来测量超声波换能器发送端发射信号的电压和接收端接收信号的电压，以及接收和发射信号之间的时间延迟。温湿度测量仪器如图6.17用来测量实验腔体内的温度和湿度情况。其中温度测量仪器一共有3个，分布在实验腔体的不同位置，避免腔体内部出现温度不均衡的情况，最终计算的气体温度是三个温度计的平均值。腔体有两个气体压强计如图6.18所示，测量范围为-0.01至+30个大气压。真空泵用来抽取腔体内的气体，如图6.19所示。腔体的外部缠绕加热带，腔体内部有小功率电炉，能够实现腔体内外同时加热，保证气体温度升高到预定实验值。腔体内置的风扇安装在电炉附近，用于加热过程中保持气体流动，从而保证腔体内部气体温度的均衡性。腔体内部的摄像头自带光源，监控实验过程中腔体内部情况，如图6.20所示。实验设备的总体结构如图6.21所示。

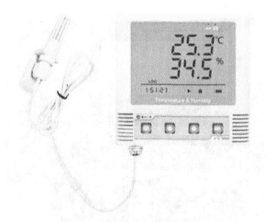

图6.17　测量用的数字温度计

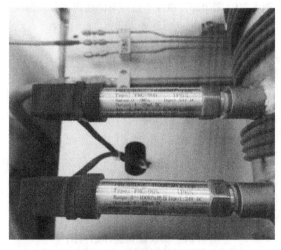

图6.18　测量用的压强计

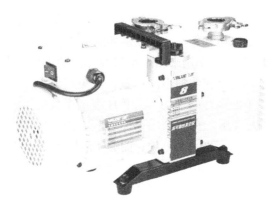

图 6.19 真空泵

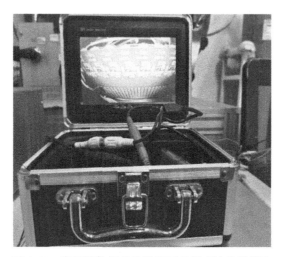

图 6.20 密闭腔体摄像头监控下的超声波收发模块

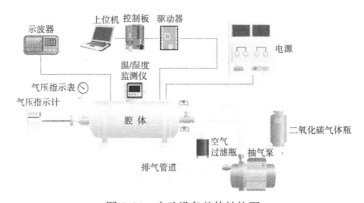

图 6.21 实验设备整体结构图

6.3.2 实验设备操作流程

实验测量操作流程总体上分为四步:实验前检查、充气操作、实验测量、实验结束(排放气体、关闭仪器)。

1. 实验前的检查步骤

(1)每次实验确保 3 人同时在场,2 人操作,1 人在远处提醒安全问题。

(2)应该首先检查排气通道是否完好、高压设备是否完好、气体瓶是否完好、气路是否完好。主要检查设备如下:

- 检查电压是否与机器规格相符(单相 AC220 V/230 V);
- 检查进气接头是否连接牢靠;
- 检查排气接口安装是否牢靠,排气另一端接口的使用安全性是否处置妥当;
- 检查腔体门的联结螺栓是否完全锁死;
- 检查线缆接头各处是否松动。这些检查都完成后再进行下一步。

(3)总电源插头插进墙体的插座,打开设备的电源总开关。检查设备仪器上的负压指示表和正压指示表,和身边人员确认腔体内的压强情况,以及压力表的读数是否正确。需要检查腔体内是否有气体,腔体内的压强是正压还是负压。

2. 充气操作

(1)连接进气、排气管:
- 接进气和排气管前将管道阀门关闭;
- 进气管连接的位置全为 1/4 卡套接头,将气源管道连接到相应位置;
- 排气管的外径为 25mm,需要配备相同直径内径的软管。

(2)正常充气:
- 检查气瓶的阀门连接口是否扭紧(气瓶本身阀门检查),选择 V1 或者 V2 口连接设备的进气通道(连接设备检查),如果已经连接好,要检查连接是否牢靠。注意:V1 或者 V2 只能选择一个,这里假定为 V1;
- 首先打开真空泵开关,然后打开 V9 阀门,等待腔体内压力达 −0.01bar 时,关闭 V9 阀门,打开充气阀门 V1 对腔体内进行充气,等待腔体的负压压力表读数为 0bar 时(负压表显示的是绝对压力,在 1 个大气压下显示为 100kPa,正压表显示为 0),关闭气体阀门 V1。注意压力计读数:正压的读数不能超过 0.3(3 个大气压)。
- 重复步骤 6 三次;
- 如果做正压实验,最后一次打开 V1 阀门充气,看正压力表读数,充气至实验需要的大气压(例如 3 个大气压);
- 检查其他阀门的位置是否正确,V9 关闭,V1、V2、V3、V4 关闭,V8 关闭、V5 阀门打开,开始实验。

3. 实验测量

开启测量设备，测量实验所需的数值。如果测量过程中需要不同的气体，气体置换操作步骤如下：

(1) 打开"真空泵开关"。真空泵运转，电磁压差阀和真空泵同时开启；

(2) 打开真空泵与腔体之间的阀门 V9，真空泵对腔体抽真空；

(3) 待腔体内压力达到−0.009 个大气压，关闭阀门 V9。打开阀门 V1 或者 V2，对腔体内充入待测气体；

(4) 待腔体内的压力达到实验需要的大气压时，关闭气体阀门 V1 或者 V2；

(5) 然后重复 b 至 d 步骤至少 3 次。

4. 实验结束操作

如果腔体内保留空气，不保留做实验的气体，做完实验后操作步骤如下：

(1) 如果腔体内是正压气体，打开 V8 阀门，使腔体向外排气，等待排气到一个大气压时，关闭 V8 阀门。

(2) 打开 V9 阀门，打开真空泵开关，向外排气，等待腔体内压力达−0.01bar 时，关闭 V9 阀门，打开充气阀 V2，使腔体内充满空气至 0bar 时，关闭充气阀门 V2。

(3) 最后检查所有阀门的状态，V9 阀门关闭，V5 阀门打开，V8 阀门关闭，V4 打开，V3 关闭，V1，V2 针阀关闭。

(4) 关闭总电源开关，拔掉墙上的电源插头。

尾气处理：本实验设备有常规和危险气体排出口，最好是利用能同尾气化学反应的溶液进行吸收，避免室内一种或几种气体浓度过高导致缺氧情况发生。

(1) 氢气处理：排放少量氢气的一般做法是将其引导至通风室外，不需要特别处理。氢气无毒，但是易燃易爆，氢气在管道中的流速不宜过高，防止高速氢气与管道内壁摩擦到达着火点，在管道内爆炸。出于安全考虑，万一出现排气口着火，可能会在排气管内爆破，出现安全事故，所以在处置氢气时最好是氢气排气口通过水封放空。

(2) 一氧化碳处理：一氧化碳是有毒气体，无色、无臭、无味的特性使人容易忽视，导致中毒。一氧化碳一旦泄漏到空气中，遇明火、高温均能引起燃烧爆炸。可使用与排放氢气一样的方法，即通过水封放空，在放空口处使用酒精灯点燃。

(3) 甲烷处理：甲烷毒性微弱，当甲烷在环境中浓度过高时，导致空气中含氧量降低，易使人窒息。如空气中甲烷含量超过 25%，人容易出现头晕、呼吸心跳加速等不适应症状，严重时导致窒息死亡。一般通过水封放空，在放空口处使用酒精灯点燃。

对于易燃气体，在点燃处理尾气时，一定要在尾气管道和点燃的位置加隔断措施（比如通过水封放空的方式），防止尾气点燃位置的火蔓延至实验室，引发火灾。

完成所有实验测量后，打开阀门 V8，排放腔体内部的气体，等待气压仪器的数据显示为一个大气压后关闭阀门 V8，3 人依次检查腔体残余气体和开关打开与否的问题，关闭所有电源，离开实验室。

6.4 测量数据和数据处理

6.4.1 测量数据

为了验证新型实验设备的测量性能,下面利用该装置测量100% CO_2的声弛豫吸收谱系数实验数据与理论曲线进行对比,如图6.22所示,温度为288.1K,测试气体来自武汉纽瑞德特种气体有限公司。图6.22中"○""+"是实验数据,曲线是理论声弛豫吸收曲线。由图6.22可知,新型实验设备获得的声弛豫吸收谱系数实验数据与理论结果一致,而且新型实验设备通过测量气体正负压强的变化,可以获得更大的频率测量范围,更容易获取整个声弛豫吸收谱和声速频散谱曲线的变化趋势。声弛豫吸收谱系数的测量主要由硕士生完成,本书的实验核心集中在宽频率范围、不同温度下声速的测量。本书的实验气体选择的是武汉特种气体有限公司的特种气体,该公司按照实验需求配置一定浓度的混合气体。纯净二氧化碳气体的浓度为99.999%,50%二氧化碳和50%氮气的混合气体配置标准达到49.95%。

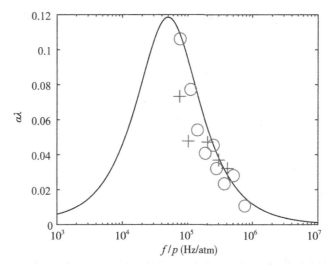

图6.22 本实验设备获得100%CO_2声弛豫吸收谱系数实验数据与理论曲线对比图

6.4.2 实验数据测量

1. 测量过程

下面以测量混合气体86.9%CO_2-13.1%N_2在温度为303.15K时的声速为例,详细说明测量过程和用到的各项参数。实验腔体充气过程如下:实验开始时,打开真空泵将腔体抽空至压强0.001大气压,然后打开气瓶将腔体充气至压强1个大气压;重复上述步骤三次以保证腔体内实验气体的纯度；最后将腔体内气体充满到测量声速所需要的压强值。对于腔体内的不同气体压强，充气时间不同。例如，测量腔体内 0.6 个大气压的气体声速，充气时间需要 9 分钟；测量腔体 4 个大气压的气体声速，充气时间需要 2 个小时左右。保持腔体内的恒定测量温度过程如下：对腔体气体充气至某个压强下，打开加热带电源对腔体进行加热。对于不同的加热温度，加热时间不同。例如，将实验腔体从温度 298K 加热到 303K 大约需要 35 分钟，腔体内的温度保持在 303.1K 和 303.3K 之间，一般持续 34 分钟左右；在实验腔体内放置数字温度计的探头来监控气体温度。

在对实验腔体充气至某个压强值和加热到一定温度后，开始测量腔体内气体的声速。以测量频率为 40kHz 的声速为例，过程如下：通过电脑控制步进电机驱动发送换能器模块每次向前移动 10mm，示波器记录接收换能器模块在发送换能器移动前和移动后接收的最大波峰之间的延迟时间。发送换能器一般向前移动 6 次，测量得到 6 个延时时间，计算出每次移动 10mm 的声速，最后取声速的平均值。为了避免衍射和波形失真，测量声速时收发换能器之间的距离不能太远也不能太近。当收发换能器距离太近时，接收换能器的波形失真，无法找到波峰最大值，从而无法测量，如图 6.23 所示。测量过程中收发换能器模块之间的距离见表 6.1。

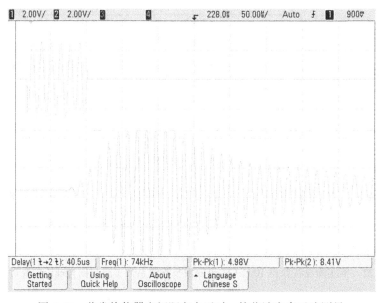

图 6.23　收发换能器之间距离太近时，接收波失真无法测量

表 6.1　　　　　　　　测量频率为 40kHz 的声速时收发换能器之间的距离

时间	收发距离	时间	收发距离
35.68μs	40mm	35.76μs	70mm
35.52μs	50mm	35.68μs	80mm
35.64μs	60mm	35.76μs	90mm

表 6.2　　　　　　　　　不同频率超声波换能器的测量参数

频率（kHz）	收发距离	距离范围（mm）	频率（kHz）	收发距离	距离范围
25	10mm	30~180	100	10mm	20~150
40	10mm	30~170	300	5mm	10~60
75	10mm	30~160	400	5mm	10~60

2. 测量数据

利用实验设备使收发换能器模块每次距离增大 10mm 测量不同温度下混合气体 50% CO_2-50%N_2、86.9 %CO_2-13.1 %N_2、84.4% CO_2-10% O_2-5.6% N_2 的声速实验数据见表 6.3、表 6.4、表 6.5。

表 6.3　　　　　　　　　50%CO_2-50%N_2下声速测量数据

$T = 290.6K$					
f/p（kHz/atm）	时延（μs）	声速（m/s）	f/p（kHz/atm）	时延（μs）	声速（m/s）
41.67	32.29	309.65	20.00	32.75	305.30
66.67	32.56	309.65	37.50	32.81	304.76
125.00	32.63	309.65	50.00	32.72	305.65
166.67	32.62	309.65	150.00	32.41	308.53
500.00	32.30	309.65	200.00	32.42	308.49
666.67	32.31	309.65	31.25	32.60	306.75
25.00	32.73	305.58	50.00	32.51	307.61
40.00	32.72	305.59	93.75	32.43	308.38
75.00	33.06	302.53	125.00	32.35	309.14
100.00	33.48	298.66	375.00	32.08	311.65
12.50	32.79	304.98	500.00	32.16	310.99

表 6.4　　　　　　　　86.9%CO_2-13.1%N_2混合气体的声速实验数据

$T = 299.6K$			$T = 295K$		
f/p（kHz/atm）	时延（μs）	声速（m/s）	f/p（kHz/atm）	时延（μs）	声速（m/s）
25.00	35.63	280.66	31.25	35.2	284.10
40.00	35.69	280.18	50.00	34.93	286.26
75.00	35.48	281.83	93.75	34.61	288.93

续表

f/p（kHz/atm）	时延（μs）	声速（m/s）	f/p（kHz/atm）	时延（μs）	声速（m/s）
	$T=299.6K$			$T=295K$	
100.00	35.29	283.36	125.00	34.53	289.58
300.00	34.77	287.58	375.00	34.21	290.54
400.00	34.72	287.98	500.00	34.20	290.54
12.50	35.86	278.85	25.00	35.09	285.00
20.00	35.87	278.82	40.00	35.34	282.99
37.50	35.57	281.14	75.00	35.02	285.56
50.00	35.51	281.60	100.00	34.98	285.89
150.00	34.91	286.40	300.00	34.21	290.49
200.00	34.90	286.42	400.00	34.50	289.90
31.25	35.68	280.24	41.67	35.03	285.45
50.00	35.47	281.92	66.67	34.81	287.32
93.75	35.26	283.65	125.00	34.67	288.96
125.00	35.17	284.68	166.67	34.54	289.49
375.00	34.68	288.31	500.00	34.40	290.65
500.00	34.70	288.11	666.67	34.22	290.36

表 6.5 　　　　　　　　**84.4% CO_2-10% O_2-5.6% N_2声速测量值**

f/p（kHz/atm）	时延（μs）	声速（m/s）	f/p（kHz/atm）	时延（μs）	声速（m/s）
		$T=290.6K$			
25.00	35.66	280.43	166.67	35.37	282.71
40.00	36.01	277.71	500.00	17.48	285.96
75.00	35.77	279.58	666.67	17.52	285.47
100.00	35.71	280.05	31.25	35.83	279.08
300.00	17.49	285.72	50.00	35.99	277.84
400.00	17.63	283.56	93.75	35.66	280.47
8.33	36.08	277.17	125.00	35.53	281.49
13.33	36.4	274.73	375.00	17.53	285.21
25.00	36.2	276.24	500.00	17.57	284.66
33.33	36.18	276.39	4.63	36.44	274.42
100.00	17.80	280.86	7.41	36.72	272.33

f/p（kHz/atm）	时延（μs）	声速（m/s）	f/p（kHz/atm）	时延（μs）	声速（m/s）
133.33	17.76	281.53	13.89	36.69	272.51
41.67	35.74	279.83	18.52	36.54	273.67
66.67	35.69	280.21	55.56	17.96	278.47
125.00	35.52	281.49	74.07	17.95	278.54

表顶标注：$T = 290.6$K

图 6.10 是利用新型实验设备在温度为 303.15K 时测量混合气体 86.9% CO_2-13.1% N_2 的原始声速数值。在测量声速数据过程中，用到了加热模块使腔体达到 303.15K，采用了 6 组分别工作在固定频率 25kHz、40kHz、75kHz、100kHz、300kHz、400kHz 的超声波换能器，气体压强的变化范围分别为 0.6、0.8、1、2、4、6、8 个大气压，相应扩展的频率范围为从 3.125kHz 到 666.6kHz。表 6.6 表示测量声速实验数据时用到的不同频率和压强比。

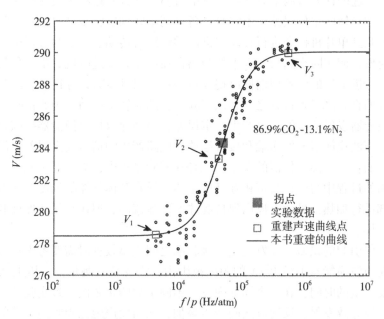

图 6.24　温度为 303.15K 时 86.9% CO_2-13.1%N_2 声速数据

表 6.6　　　　　　　　不同压强-频率下的最终频率数值

频率（kHz）	压强（atm）						
	0.6	0.8	1	2	4	6	8
25	41.67	31.25	25	12.5	6.25	4.17	3.125
40	66.67	50	40	20	10	6.67	5

频率 （kHz）	压强（atm）						
	0.6	0.8	1	2	4	6	8
75	125	93.75	75	37.5	18.75	12.5	9.375
100	166.67	125	100	50	25	16.67	12.5
300	500	375	300	150	75	50	37.5
400	666.67	500	400	200	100	66.67	50

3. 测量误差与不确定度分析

与前期实验设备相比，研制的新型实验设备明显在稳定性和准确性上有了很大的提高。然而，新型实验设备的误差主要有：移动过程中距离测量引起的误差、环境温度和湿度引起的误差、电子设备引起噪声误差、其他因素造成的误差等。

测量距离引起的误差有两个方面：步进电机精度导致发送超声波端和接收超声波端之间的距离误差和导轨的定位误差。本实验设备是利用联轴器将步进电机和光学导轨连接起来，步进电机收到单片机指令进行转动，进而导轨跟着转动。在实验过程中，步进电机可能出现失步现象，使实际距离与计算中的距离存在误差。步进电机的步距角是 1.8 度，还可以更细分。步进电机的误差周期性出现在每一步，而且没有累计误差，精度误差通常是细分最小角度的百分之三到百分之五。该实验设备的导轨定位精度为 5 μm。

超声波换能器发射信号的频率产生一定误差，最终导致接收换能器接收到的信号也有误差，还有超声波换能器的发送端和接收端放大电路产生的信号失真误差。温度误差主要来源于三个方面：一是温度仪器的误差；二是在实验过程中，需要经常充气和排气，气体在充进和排出的过程中与气体管道相互摩擦生热，导致腔体气体的温度存在波动；三是加热设备对局部进行加热，虽然有风扇保持腔体内气体流动，但还是无法保证腔体内的温度每个地方都一样。

反射和衍射引起的误差：在发送端和接收端之间距离较远时需要考虑扩散和衍射造成的影响，在超声波换能器半径 R^2/λ 的距离范围内，需要校正测量值。压电式超声波换能器的起振需要一定的时间，在一个周期内发送不同个数的正弦波导致实验结果有差异。发送过多的正弦波导致发射和反射波之间产生叠加，从而使声弛豫吸收谱系数的测量结果出现误差。发送过少的正弦波个数导致接收端对应频率的超声换能器达不到共振状态。因此，不同频率的超声波换能器要求发送的正弦波个数也不相同。多次实验结果验证，各个频率的超声波换能器发送正弦波个数一般在 5~10 之间。

下面以测量混合气体 86.9% CO_2-13.1% N_2 的声速数值（图 6.24，温度为 303.15K）为例，来分析系统、测量仪器和测量过程的不确定度。由表 6.7 表示测量仪器的 Type B 不确定度，表 6.8 表示在不同频率/压强比下测量 86.9% CO_2-13.1% N_2 声速 Type A 不确定度。由表 6.7 和表 6.8 可以看出，测量仪器的 Type B 不确定度远小于测量声速过程中 Type A 不确定度，因此混合气体 86.9% CO_2-13.1% N_2 不同频率下声速的总不确定度主要是由 Type A 不确定度决定的，如图 6.25 所示。图 6.26 是测量实验数据时仪器的布置情况；图 6.27、图 6.28、图 6.29 展示了超声波收发换能器在不同间距下的设置情况；图 6.30 至图 6.36 显示了在间距为 21.5cm，频率分别为 25kHz、40kHz、75kHz、100kHz、200kHz、300kHz、400kHz 情况下的超声波示波器的波形。

表 6.7　　　　　　　　　　　　测量仪器的 Type B 不确定度

测量仪器	不确定度
时间　±0.1μs	0.03μs
每次移动距离	0.0005mm
温度　±0.1K	0.03K
压强 0.5% F.S	0.000029MPa
混合气体	2%

表 6.8　　　　　　不同频率（kHz/atm）的测量次数和 Type A 不确定度

频率（kHz/atm）	不确定度（±m/s）	频率（kHz/atm）	不确定度（±m/s）
3.125	0.43	50	0.34
4.167	0.37	66.667	0.88
5	0.35	75	0.32
6.25	0.22	93.75	0.97
6.667	0.25	100	0.25
9.375	0.19	125	0.64
10	0.25	150	0.29
12.5	0.37	166.667	0.38
16.667	0.12	200	0.30
18.75	0.23	300	0.47
20	0.27	375	0.18
25	0.86	400	0.10
31.25	0.65	500	0.09
37.5	0.46	666.667	0.18

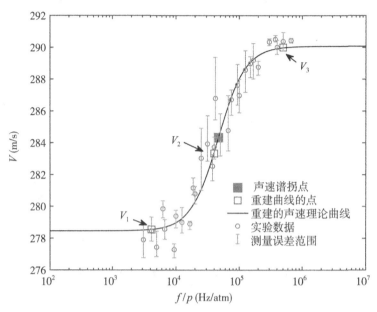

图 6.25 温度为 303K 时 86.9% CO_2-13.1%N_2 声速实验数据和不确定度

图 6.26 测量实验数据时的情况

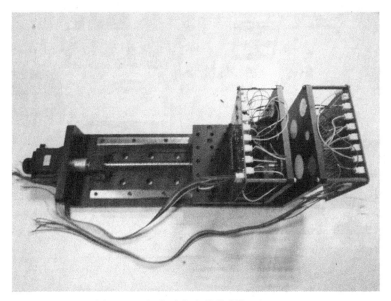

图 6.27　超声波收发换能器间距 1.5cm

图 6.28　超声波收发换能器间距 21.5cm

图 6.29　收发换能器间距 21.5cm 测量 25kHz 频率时的示波器布置图

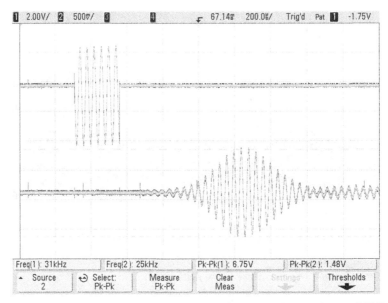

图 6.30　在频率为 25kHz，距离为 21.5cm 的情况下发送接收超声波示波器截图

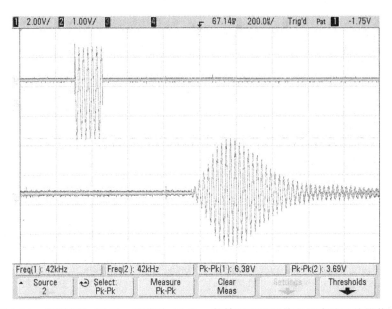

图 6.31　在频率为 40kHz，距离为 21.5cm 的情况下发送接收超声波示波器截图

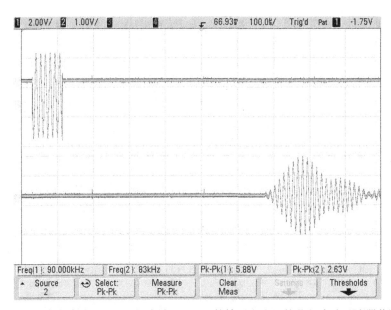

图 6.32　在频率为 75kHz，距离为 21.5cm 的情况下发送接收超声波示波器截图

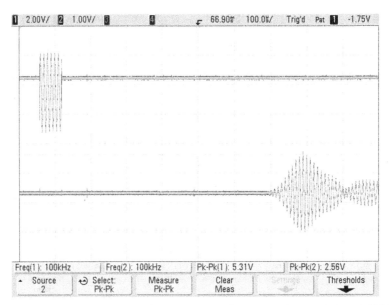

图 6.33　在频率为 100kHz，距离为 21.5cm 的情况下发送接收超声波示波器截图

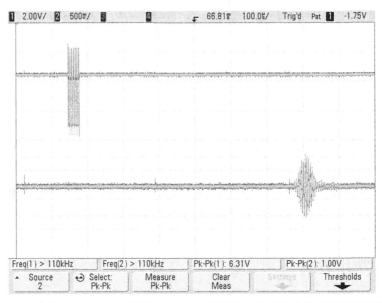

图 6.34　在频率为 200kHz，距离为 21.5cm 的情况下发送接收超声波示波器截图

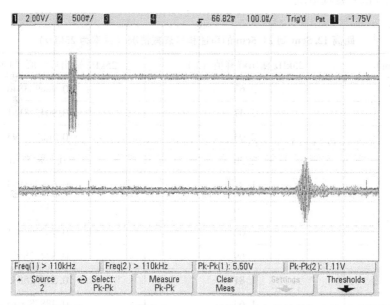

图 6.35　在频率为 300kHz，距离为 21.5cm 的情况下发送接收超声波示波器截图

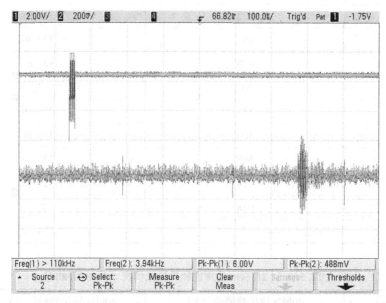

图 6.36　在频率为 400kHz，距离为 21.5cm 的情况下发送接收超声波示波器截图

表 6.9、表 6.10、表 6.11、表 6.12、表 6.13、表 6.14、表 6.15 分别是频率为 25kHz、40kHz、75kHz、100kHz、200kHz、300kHz、400kHz 情况下距离 12.5cm 到 21.5cm 的声速和声衰减情况。

表 6.9　　距离 12.5cm 到 21.5cm 的声速和声衰减情况（频率为 25kHz）

距离（cm）	25kHz 输出峰峰值（V）	25kHz 输出峰峰值（V）取对数
12.5	2.63	0.966983846
13.5	2.47	0.904218151
14.5	2.03	0.708035793
15.5	2.20	0.78845736
16.5	1.97	0.678033543
17.5	1.70	0.530628251
18.5	2.02	0.703097511
19.5	1.69	0.524728529
20.5	1.81	0.593326845
21.5	1.63	0.488580015
距离（cm）	时间延迟（μs）	声速（m/s）
12.5	392	318.88
13.5	422	319.91
14.5	452	320.80
15.5	476	325.63
16.5	504	327.38
17.5	536	326.49
18.5	566	326.86
19.5	598	326.09
20.5	624	328.53
21.5	658	326.75
平均声速（m/s）		324.73

表 6.10　　距离为 12.5cm 到 21.5cm 的声速和声衰减情况（频率为 40kHz）

距离（cm）	40kHz 输出峰峰值（V）	40kHz 输出峰峰值（V）取对数
12.5	6.44	1.86252854
13.5	5.88	1.771556762

距离（cm）	40kHz 输出峰峰值（V）	40kHz 输出峰峰值（V）取对数
14.5	5.63	1.728109442
15.5	5.13	1.635105659
16.5	5.06	1.621366483
17.5	4.56	1.517322624
18.5	4.28	1.45395301
19.5	4.00	1.386294361
20.5	3.88	1.355835154
21.5	3.75	1.32175584

距离（cm）	时间延迟（μs）	声速（m/s）
12.5	426	293.43
13.5	430	313.95
14.5	486	298.35
15.5	490	316.33
16.5	544	303.31
17.5	546	320.51
18.5	576	321.18
19.5	604	322.85
20.5	660	310.61
21.5	666	322.82
平均声速（m/s）		312.33

表6.11　**距离 12.5cm 到 21.5cm 的声速和声衰减情况（频率为 75kHz）**

距离（cm）	75kHz 输出峰峰值（V）	75kHz 输出峰峰值（V）取对数
12.5	4.63	1.532556868
13.5	4.31	1.460937904
14.5	3.94	1.371180723
15.5	3.75	1.32175584
16.5	3.53	1.261297871
17.5	3.34	1.205970807
18.5	3.13	1.141033005
19.5	3.03	1.10856262

续表

距离（cm）	75kHz 输出峰峰值（V）	75kHz 输出峰峰值（V）取对数
20.5	2.84	1.043804052
21.5	2.75	1.011600912

距离（cm）	时间延迟（μs）	声速（m/s）
12.5	386	323.83
13.5	415	325.30
14.5	445	325.84
15.5	473	327.70
16.5	503	328.03
17.5	532	328.95
18.5	561	329.77
19.5	590	330.51
20.5	619	331.18
21.5	649	331.28
平均声速（m/s）		328.24

表 6.12　　距离 12.5cm 到 21.5cm 的声速和声衰减情况（频率为 100kHz）

距离（cm）	100kHz 输出峰峰值（V）	100kHz 输出峰峰值（V）取对数
12.5	4.75	1.558144618
13.5	4.50	1.504077397
14.5	4.13	1.418277407
15.5	3.84	1.345472367
16.5	3.63	1.289232648
17.5	3.38	1.217875709
18.5	3.13	1.141033005
19.5	2.94	1.078409581
20.5	2.81	1.033184483
21.5	2.59	0.951657876

距离（cm）	时间延迟（μs）	声速（m/s）
12.5	389	321.34
13.5	418	322.97
14.5	448	323.66

续表

距离（cm）	时间延迟（μs）	声速（m/s）
15.5	477	324.95
16.5	506	326.09
17.5	545	321.10
18.5	573	322.86
19.5	602	323.92
20.5	631	324.88
21.5	660	325.76
平均声速（m/s）		323.75

表6.13　**距离12.5cm到21.5cm的声速和声衰减情况（频率为200kHz）**

距离（cm）	200kHz 输出峰峰值（V）	200kHz 输出峰峰值（V）取对数
12.5	1.89	0.636576829
13.5	1.70	0.530628251
14.5	1.59	0.463734016
15.5	1.52	0.418710335
16.5	1.42	0.350656872
17.5	1.30	0.262364264
18.5	1.28	0.246860078
19.5	1.30	0.262364264
20.5	1.13	0.122217633
21.5	1.02	0.019802627
距离（cm）	时间延迟（μs）	声速（m/s）
12.5	363	344.35
13.5	387	348.84
14.5	416	348.56
15.5	446	347.53
16.5	479	344.47
17.5	504	347.22
18.5	538	343.87
19.5	567	343.92
20.5	591	346.87
21.5	620	346.77
平均声速（m/s）		346.24

表 6.14　距离 12.5cm 到 21.5cm 的声速和声衰减情况（频率为 300kHz）

距离（cm）	300kHz 输出峰峰值（V）	300kHz 输出峰峰值（V）取对数
12.5	2.50	0.916290732
13.5	2.19	0.783901544
14.5	2.13	0.75612198
15.5	1.89	0.636576829
16.5	1.78	0.576613364
17.5	1.73	0.548121409
18.5	1.39	0.329303747
19.5	1.39	0.329303747
20.5	1.22	0.198850859
21.5	1.25	0.223143551
距离（cm）	时间延迟（μs）	声速（m/s）
12.5	371	336.93
13.5	397	340.05
14.5	433	334.87
15.5	456	339.91
16.5	488	338.11
17.5	514	340.47
18.5	546	338.83
19.5	573	340.31
20.5	605	338.84
21.5	634	339.12
平均声速（m/s）		338.74

表 6.15　距离 12.5cm 到 21.5cm 的声速和声衰减情况（频率为 400kHz）

距离（cm）	400kHz 输出峰峰值（V）	400kHz 输出峰峰值（V）取对数
12.5	1.34	0.292669614
13.5	1.20	0.182321557
14.5	1.19	0.173953307
15.5	0.969	−0.031490667
16.5	0.944	−0.057629113
17.5	0.794	−0.230671818

距离（cm）	400kHz 输出峰峰值（V）	400kHz 输出峰峰值（V）取对数
18.5	0.769	-0.262664309
19.5	0.638	-0.449416996
20.5	0.581	-0.543004522
21.5	0.513	-0.667479434
距离（cm）	时间延迟（μs）	声速（m/s）
12.5	366	341.53
13.5	394	342.64
14.5	428	338.79
15.5	450	344.44
16.5	492	335.37
17.5	514	340.47
18.5	545	339.45
19.5	569	342.71
20.5	599	342.24
21.5	646	332.82
平均声速（m/s）		340.04

图 6.37、图 6.38、图 6.39、图 6.40、图 6.41、图 6.42、图 6.43 分别是频率为 25kHz、40kHz、75kHz、100kHz、200kHz、300kHz、400kHz 情况下距离 12.5cm 到 21.5cm 的声衰减系数图。

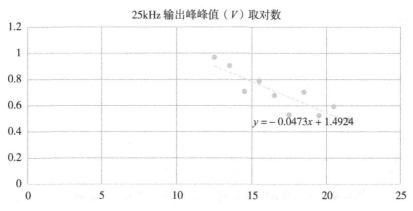

图 6.37 频率为 25kHz 距离 12.5cm 到 21.5cm 的声衰减系数

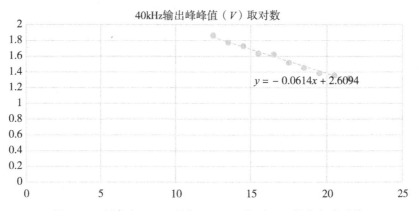

图 6.38　频率为 40kHz 距离 12.5cm 到 21.5cm 的声衰减系数

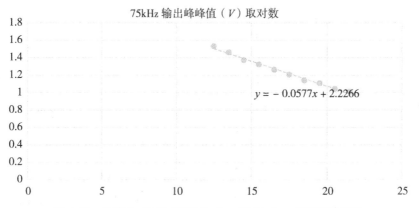

图 6.39　频率为 75kHz 距离 12.5cm 到 21.5cm 的声衰减系数

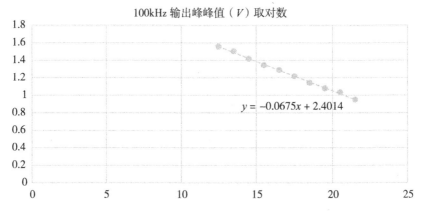

图 6.40　频率为 100kHz 距离 12.5cm 到 21.5cm 的声衰减系数

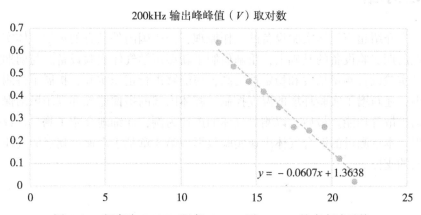

图 6.41　频率为 200kHz 距离 12.5cm 到 21.5cm 的声衰减系数

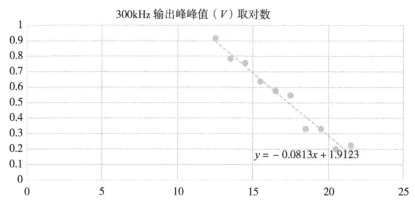

图 6.42　频率为 300kHz 距离 12.5cm 到 21.5cm 的声衰减系数

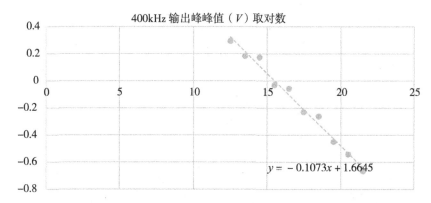

图 6.43　频率为 400kHz 距离 12.5cm 到 21.5cm 的声衰减系数

6.5　本章小结

　　本章首先介绍超声气体实验设备的工作原理，分析国内外已有的声学气体实验设备的优缺点。在前期实验设备的基础上，重新研制了新型声学气体实验设备。与前期实验设备相比，新型实验设备测量精度和稳定性更高，还能够进行正压实验，扩展了待测气体的频率测量范围，还新增了实验环境的温度控制、腔体内部的摄像监控和利用风扇保持气体的流动和均匀扩散等功能。最后，以测量气体的声速为例，详细地介绍了测量、数据分析和处理的过程。本章测量的混合气体声速实验数据为第 5 章基于声速谱拐点的气体探测方法提供了有效的支撑。

第7章 其他探测方法

基于两个频率点测量声吸收谱系数和声速测量值合成气体压强的方法测量精度低，测量方法繁琐。因此，利用声速测量精度高，测量方法简单的特点，本书提出一种基于三个频率点测量声速值合成气体压强的算法。首先在三个频率点测量声速，计算得到声速频散谱拐点的弛豫频率，然后根据弛豫频率与压强呈线性正比的关系得到气体压强，仿真结果验证了该算法的可行性。最后本章讨论了有效热容和单频点声速探测方法。该方法为在线实时检测气体腔体压强提供了一种技术简单、精度高的超声方法。

7.1 气体压强探测算法

气体压强是工业测量中一个重要的参数（在工业中又称为压力），也是表征体系状态的参数，生活中许多化学和物理现象均与压力有关[143][144]。为了保证生产工艺和流程，必须对气体浓度、压强进行监测和控制。例如，高温加工玻璃和微型电子芯片制造过程中，在氮气保护气中加入氢气从而去掉残余氧；工业常用的压缩气体，气体经常加压使气体分子间的距离缩小被压入钢瓶中，这些都需要精确测量气体压强参数。在我国西气东输的重大工程中利用天然气管网进行高压输送，需要定时监测气体的压强、流量和其他参数，防止气体泄漏。传统的气体压强监测方法存在高成本、设备复杂、精度低、响应时间长，不适合在线测量的缺点。因此，找到一种低成本、设备简单、实时在线监测的气体压强参数的检测方法具有重大的应用价值。

近年来，张克声[145]利用解耦模型证明了混合气体的声弛豫频率与最大弛豫过程（称为主弛豫过程）的弛豫时间成反比，与气体压强成反比。在该性质的基础上，他利用两个频率点测量的声弛豫吸收谱系数和声速数值计算出气体的声弛豫频率，最终合成气体压强。该方法在气体压强测量方面取得了一定的效果，但是也存在以下不足：①测量声弛豫吸收谱系数需要复杂的设备，测量过程繁琐。②声弛豫吸收谱系数在高频阶段淹没在增大的经典吸收信号（传输现象、热传导、黏度和扩散）中，导致测量该信号的难度加大。③声弛豫吸收谱系数的测量误差为5%，这个精度限制了以声弛豫吸收谱为基础的测量方法在高精度场合的应用。④由于声弛豫吸收谱系数的计算过程中需要用到声速的数值，所以，声弛豫吸收谱系数的测量实际隐含着声速和声弛豫吸收谱系数两个测量值。而更多的测量值意味着测量误差的增大。针对以上问题，本书提出3个频率点测量的声速值合成气体压强的方法，首先根据3个频率点的声速测量值重建声速频散谱曲线，然后计算出声速频散谱拐点的弛豫频率，最后利用弛豫频率与气体压强成正比的关系，求出测量容器的气体压强。该方法避免了测量声弛豫谱吸收系数的复杂设备和繁琐操作等问题，只需要测量

3 个频率点的声速就可以合成气体压强，实现混合气体的实时监控。

7.1.1　三频点声速测量方法

声波传播过程可激发（双原子或多原子分子）气体分子微观过程，从而引起声弛豫吸收[146]，理论本质上是气体分子能量之间的重新分配。弛豫吸收的大小不仅取决于分子平动获得能量的能力，还取决于分子平动与转动、振动之间相互交换能量的多少[6]。气体声弛豫在宏观上表现为声速频散谱和声弛豫谱吸收系数。有效热容是反映分子转动和振动的温度变化跟不上平动温度波动的宏观"足迹"[147]，同时也是分子振动、转动模式能量弛豫速率低于平动模式能量弛豫速率的热力学宏观体现。因此，有效热容是求解声弛豫的关键步骤，有效热容决定了声弛豫的两个宏观量——声速频散谱和声弛豫吸收谱系数。对于含有多个分子自由度的气体来说，声弛豫是一个多弛豫过程，假定含有 N 种弛豫过程的混合气体有效热容为

$$C_V^{\text{eff}} = C_V^{\infty} + \sum_{n=1}^{N} \frac{C_n^{\text{int}}}{1 + i\omega\tau_n} \tag{7.1}$$

式中，C_V^{∞} 表示混合气体的平动热容之和，C_n^{int} 表示第 n 个弛豫过程对应的内部振动或者转动热容，τ_n 表示对应的弛豫时间，$\omega = 2\pi f$ 为声传播角频率，i 表示复数。由于有效热容是一个复数形式，用 $x_n(\omega)$ 和 $y_n(\omega)$ 表示混合气体有效热容 C_V^{eff} 的公式为

$$x_n(\omega) = \text{Re}(C_V^{\text{eff}}) = C_V^{\infty} + \frac{C_V^{\text{eff}}}{1 + (\omega\tau_n)^2}, \quad y_n(\omega) = -\text{Im}(C_V^{\text{eff}}) = \frac{\omega\tau_n C_V^{\text{eff}}}{1 + (\omega\tau_n)^2} \tag{7.2}$$

热力学的有效声速 $\tilde{V}(\omega)$ 和有效角波数 $k(\omega)$ 之间的关系如下：

$$k(\omega) = \frac{\omega}{V(\omega)} - i\alpha_r(\omega) = \frac{\omega}{\tilde{V}(\omega)} = \omega\sqrt{\frac{\rho_0}{P_0}}\sqrt{\frac{C_V^{\text{eff}}(\omega)}{C_V^{\text{eff}}(\omega) + R}} \tag{7.3}$$

式中，V 和 α_r 分别为依赖于频率的声速和声弛豫吸收谱系数，$\tilde{V}(\omega)$ 为有效热力学声速，P_0 和 ρ_0 为平衡态时的压强和密度。第 n 个有效热力学声速 $\tilde{V}_n$ 和有效波数 k_n 之间的关系如下

$$k_n = \frac{\omega}{V_n} - i\alpha_n = \frac{\omega}{\tilde{V}_n} \tag{7.4}$$

根据式（7.2）、式（7.3）和式（7.4），第 n 个单转动弛豫的声吸收谱 $\alpha_n\lambda$ 和声速 V_n 可表示为

$$\alpha_n(\omega)\lambda = 2\pi \cdot \left\{ \left[\left(\frac{B_n}{C_n} \right)^2 + 1 \right]^{1/2} - \frac{B_n}{C_n} \right\}, \quad V_n(\omega) = \sqrt{2}A_n^{-1} \left[(B_n^2 + C_n^2)^{1/2} + B_n \right]^{-1/2}$$

$$\tag{7.5}$$

其中，$A_n = \sqrt{\dfrac{\rho_0}{P_0[(x^2(\omega) + R)^2 + y^2(\omega)]}}$，$B_n = x^2(\omega) + y^2(\omega) + Rx(\omega)$，$C_n = Ry(\omega)$。

由式 (7.5) 可知，A_n、B_n 和 C_n 分别来自第 n 个单弛豫过程的有效热容 C_V^{eff}，这说明每一个单弛豫过程的声吸收谱只与该过程的转动热容或者振动热容相关。类似地，声速频散谱可以分解为单弛豫的声速之和。

$$V = \sum_{n=1}^{N} V_n \tag{7.6}$$

由式 (7.5) 和式 (7.6) 可以看到，一个复合多弛豫过程的声弛豫吸收谱和声速频散谱可以由多个解耦的单弛豫过程的声弛豫吸收谱和声速频散谱叠加之和得到，无论是气体分子的转动弛豫过程或者振动弛豫过程。造成这一现象的原因是振动弛豫过程和转动弛豫过程有许多类似的弛豫特性，都是来自内部分子自由度的能量交换。

$V(\omega)$ 和 $\alpha(\omega)\lambda$ 随频率变化的本质是气体分子弛豫过程的宏观表象，依赖于混合气体的成分和浓度。声弛豫吸收谱的峰值点是钟形的声弛豫吸收谱曲线上的数值最大的一个特殊点，它的数值大小体现了气体弛豫强度，相应的频率是有效弛豫频率。在此基础上，张克声[145]提出利用两个频率点的声速和声弛豫吸收谱系数来获得声弛豫吸收谱峰值点的弛豫频率。同样地，声速频散谱的主要弛豫特征可以用声速频散谱曲线上的一个特殊点——声速频散谱拐点来表示，它在单调上升的 S 形曲线上具有唯一性，它的频率 f_m 与声弛豫吸收谱峰值点的频率相同，亦是有效弛豫频率。声速频散谱拐点的声速值 $V_m^2 = (V^2(0) + V^2(\infty))/2$ 仅和 $V^2(0)$、$V^2(\infty)$ 两个固定值之和有关，而 $V^2(0)$ 和 $V^2(\infty)$ 主要反映为发生弛豫时低频和高频极限声速值。声速频散谱的变化量与 $V^2(\infty) - V^2(0)$ 相关，反映了分子弛豫的能量消耗。因此，理论上声速频散谱拐点的弛豫频率和声弛豫吸收谱峰值点的弛豫频率是相同的，可以通过测量声速获得声速频散谱的弛豫频率。

从式 (7.3) 得到

$$V(\omega) = \sqrt{\frac{P_0}{\rho_0}\left(1 + \frac{R}{C_V^{\text{eff}}}\right)} \tag{7.7}$$

将式 (7.1) 代入式 (7.7) 得到 N 个弛豫过程的声速平方谱线的表达式为

$$V(\omega) = \sqrt{\frac{P_0}{\rho_0}\left(1 + \frac{R}{C_V^{\infty} + \sum_{n=1}^{N} \frac{C_n^{\text{int}}}{1 + i\omega\tau_n}}\right)} \tag{7.8}$$

由式 (7.8) 可以看出，声速频散谱是随频率变化的曲线，$V^2(\omega \to \infty)$ 和 $V^2(\omega \to 0)$ 分别为：

$$V^2(\infty) = \frac{P_0}{\rho_0}\left(1 + \frac{R}{C_V^{\infty}}\right), \quad V^2(0) = \frac{P_0}{\rho_0}\left(1 + \frac{R}{C_V^{\infty} + \sum_{n=1}^{N} C_n^{\text{int}}}\right) \tag{7.9}$$

将式 (7.9) 代入式 (7.8)，进一步化简、变形得到

$$V(\omega) = V(\infty)\sqrt{1 - \sum_{n=1}^{N} \frac{\varepsilon_n}{1 + \omega^2\tau_n^2}}, \quad \varepsilon_n = \frac{RC_n^{\text{int}}}{(C_V^{\infty} + R)\left(C_V^{\infty} + \sum_{n=1}^{N} \frac{C_n^{\text{int}}}{1 + \omega^2\tau_n^2}\right)} \tag{7.10}$$

式中，ε_n 和 τ_n 分别表示第 n 个弛豫过程对应的声弛豫强度和弛豫时间，受到多个弛豫过程

内部热容的影响。由式（7.10）可知，一个具有 n 个单弛豫过程的声速频散谱可以用 $2n+1$ 个参数的 $V^2(\infty)$、ε_n 和 τ_n（$1 \leqslant n \leqslant N$）表示。由数学知识可知，$V^2(\infty)$、$\varepsilon_n$ 和 τ_n 可以通过在 $2n+1$ 频率下测量声速值来捕获声速频散谱重建需要的值。由于大多数气体只有一个显著的弛豫过程，这个过程称为主弛豫过程，其他过程可以忽略不计，因此大多数气体的声速频散谱重建可以用 3 个频率点的声速测量值实现，即 $n=1$ 代入式（7.10），求解三个方程得到参数 $V^2(\infty)$、ε 和 τ 的数值。将式（7.10）进一步简化为

$$V(\omega) = V(\infty) \sqrt{1 - \frac{\varepsilon}{1 + \omega^2 \tau^2}} \tag{7.11}$$

对于大多数气体的主弛豫过程（即只有一个弛豫过程），当弛豫频率与弛豫时间成反比时，分子弛豫对声传播的影响达到最强。根据式（7.11）中的有效弛豫时间 τ，可以计算出有效弛豫频率 f_m 为

$$f_m = \frac{1}{2\pi\tau} \sqrt{\frac{(C_V^\infty + C_n^{\mathrm{int}})(C_V^\infty + C_n^{\mathrm{int}} + R)}{C_V^\infty (C_V^\infty + R)}} \approx \frac{1}{2\pi\tau} \tag{7.12}$$

根据气体弛豫理论，气体中的单弛豫过程的特征由弛豫强度和弛豫时间来决定：弛豫强度反映了气体分子转动或者振动模式对有效热容的贡献程度，决定了声弛豫吸收谱峰值的最大高度，有效弛豫频率（弛豫时间的倒数）决定了声弛豫吸收谱峰值点或者声速频散谱拐点在横轴的对应位置。与我们前期利用有限个频率点测量值重构主弛豫过程求弛豫频率的方法相比较，本书提出的方法以仅增加了一个测量频率的微小代价避免了繁琐的声弛豫吸收谱系数的测量方法。

主弛豫过程的弛豫频率与气体压强成正比，当环境温度一定时，气体压强 P 的弛豫频率 f_m 与平衡态时气体压强 P_0 时的弛豫频率 f_0 关系为[143]

$$P = f_m \frac{P_0}{f_0} \tag{7.13}$$

由式（7.13）可以看出，对于固定成分的混合气体，当温度一定时，声弛豫频率与压强成正比。因此，如果能通过声学测量（3 个频率点的声速测量值）计算得到气体的声弛豫频率，便可以获得气体腔体内部的压强。获得气体压强的步骤如下：

（1）首先测量气体压强 p_0（通常为 1 个标准大气压，$p_0 = 1$）时 3 个频率点的声速值，重建声速频散谱曲线，得到此时的弛豫频率 f_0；

（2）添加气体或者减少气体达到未知气体压强 p 状态，测量 3 个频率点的声速值，重建声速频散谱曲线，得到此时的弛豫频率 f_m；

（3）根据式（7.13），计算出当前的气体压强 p。

7.1.2　仿真与讨论

二氧化碳是一种常见的气体，在生活和工业的应用场景很多。假定气体腔体内存储的是 100% CO_2 气体，用于测量声速的超声波换能器频率分别为：0.6kHz、20kHz、200kHz。为了与文献[143]进行比较，本书采用了同样的气体和同样的压强变化。图 7.1 显示的是在温度 304.2K，压强分别为 0.04、0.2、1、5、25 个大气压时（曲线从左到右），利用三

个频率点的声速测量值计算的弛豫频率，图中"＋"符号为Sheilds[148]在相同温度和一个大气压下测量得到的100%CO_2的实验数据，"□"为重建声速频散谱的声速值，"●"是声速频散谱的拐点，黑色实线是根据3个频率点的声速值重建的声速频散谱曲线，由本书提出的方法计算得到。从图中可以看出，在压强为1个大气压的情况下，重建的声速频散谱曲线与Sheilds[148]实验数据一致，从而验证了重建方法的有效性。在温度一定的条件下，随着气体压强依次增大，声速频散谱向右平移，声弛豫频率沿着x轴依次增大。因此，只要满足3个频率点均匀分布在整条声速频散谱曲线上，就可以准确计算出声弛豫频率，以此为依据可以准确计算出气体压强。表7.1给出了不同压强条件下3个频率点0.6kHz、20kHz、200kHz测量的声速值以及利用公式（7.12）和（7.13）计算得到的声弛豫频率和压强。在压强为一个大气压（$p_0 = 1$atm）和温度为304.2K时计算的声弛豫频率为$f_0 = 43.5$kHz，表格最后一列给了由当前声弛豫频率和参考大气压下弛豫频率计算后得到的压强值。表格倒数第二列给出了气压计测量的气体压强值。从表7.1可以看出，合成的压强值与实际测量的压强值总体相符，误差非常小，证明了该方法的有效性。

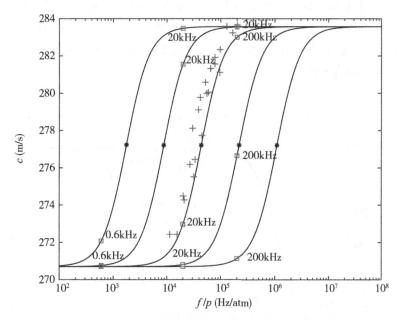

图 7.1 温度为304.2K，不同压强下（从左到右压强分别为0.04、0.2、1、5、25个大气压）100%CO_2重建的声速频散谱

表7.1　　　　100%CO_2在不同压强条件下3个频率点上测量的声速值、计算得到的声弛豫频率和气体压强值

c_1（m/s）	c_2（m/s）	c_3（m/s）	f_m（Hz）	测量 p（atm）	探测 p（atm）
272	283.5	283.7	1766	0.04	0.04
270.8	281.6	283.7	8871	0.2	0.20

续表

c_1 (m/s)	c_2 (m/s)	c_3 (m/s)	f_m (Hz)	测量 p (atm)	探测 p (atm)
270.8	273	283.2	43.5k	1	1.00
270.4	270.8	276.6	218.3k	5	5.01
270.2	270.6	271.1	1.1M	25	25.01

下面讨论气体腔体含有一定杂质的混合气体 86.9% CO_2-13.1% N_2。选择三个测量频率点的频率分别为 0.6kHz、40kHz、200kHz，环境压强分别为 0.05、0.25、1、4、20 个大气压，温度为 303.15K。利用三个频率点重建声速频散谱如图 7.2 所示，"□"表示 0.6kHz、40kHz、200kHz 频率点的声速值，用来重建声速频散谱曲线（本书中的黑色实线）。"●"表示利用本书公式计算得到的声弛豫频率，"+"为不同频率下 86.9% CO_2-13.1% N_2 实验测量声速值。表 7.2 给出了不同压强条件下 3 个频率点 0.6kHz、40kHz、200kHz 测量的声速值和计算得到声弛豫频率，表格倒数第二列给了气压计测量的气体压强值，表格最后一列给出了在参考气压 $p_0 = 1atm$ 和弛豫频率 $f_0 = 36.5kHz$ 时计算后得到的压强值。从表 7.2 可以看出，合成的压强值与实际测量压强值总体相符，误差非常小，再一次验证了该方法的有效性。

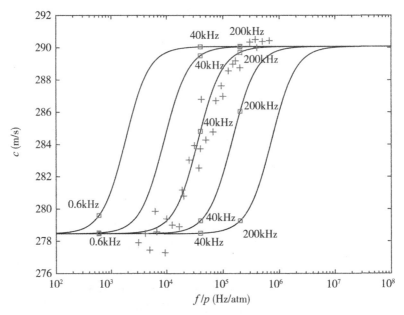

图 7.2　温度为 303.15K，不同压强下（从左到右压强分别为 0.05、0.25、1、4、20 个大气压）混合气体 86.9% CO_2-13.1% N_2 重建的声速频散谱，"+"实验数据

表 7.2　　　　混合气体 86.9% CO_2-13.1% N_2 在不同压强条件下
3 个频率点上测量的声速值、计算得到的声弛豫频率和气体压强值

c_1 (m/s)	c_2 (m/s)	c_3 (m/s)	f_m (Hz)	测量 p (atm)	探测 p (atm)
279.7	290.1	290.2	1836	0.05	0.05
278.5	289.5	290.1	9350	0.25	0.26
278.4	284.7	289.8	36.5k	1	1.00
270.4	279.2	286	147.4k	4	4.04
270.3	278.5	279.2	738.5k	20	20.2

由前面理论分析可知，气体压强与弛豫频率成线性正比，气体压强的误差主要来源于弛豫频率的误差，而弛豫频率的误差又来源于 3 个频率点声速测量的误差。在 3 个频率点实际测量过程中，由于收发超声波换能器的频率是固定的，3 个频率点的数值不会出现误差，误差主要出现在声速测量上，一共有三种情况，1 个、2 个或者 3 个频率点的声速测量出现误差。3 个频率点全部出现声速测量误差说明测量设备或者测量过程有问题，一般出现这种情况会重新测量，因此我们主要考虑一个或者两个频率点的声速测量出现误差。

下面我们根据本书中的图 7.2 和表 7.3、表 7.4 的声速测量实验数据来分析误差：测试气体为 86.9%CO_2-13.1%N_2，选择的 3 个频率点分别 25kHz、75kHz、400kHz，气体的实际压强（利用气压计测量）分别为一个大气压和两个大气压。表 7.3 显示了 3 个频率点出现声速测量误差时探测压强误差结果。从表 7.3 可以看出，对于一个频率点的声速测量有±1%误差的情况：f_1=25kHz 和 f_3=400kHz 声速测量误差与探测的压强误差成正比，当一个频率点的声速出现+1%的测量误差时，探测的压强误差也为正，最大的压强探测误差绝对值为 0.2%，最小为 0.1%；f_2=25kHz 的声速测量误差与探测的压强误差成反比，当频率点的声速出现+1%的测量误差时，探测的压强误差出现负的测量误差，最大误差绝对值为 0.3%，最小为 0.2%，而且在频率点 f_2=25kHz 得到压强探测误差绝对值大于 f_1=25kHz 和 f_3=400kHz 的压强探测误差绝对值。对于在 f_1=25kHz 和 f_3=400kHz 两个频率点同时出现声速测量误差±1.5%的情况：当两个频率点的声速测量误差为正时，压强误差也为正；两个频率点的声速误差为负时，压强误差为负；当两个频率点的声速测量误差相反时，探测的压强误差为零，这是因为两个频率点的声速测量误差互相抵消了一些，导致弛豫频率不变。

表 7.3　　　86.9% CO_2−13.1% N_2 3 个频率点的声速测量误差对探测压强的影响

$V(f_1)$ 误差	$V(f_2)$ 误差	$V(f_3)$ 误差	测量 p (atm)	探测 p (atm)	压强误差
+1%	0	0	1	1.001	+0.1%
−1%	0	0	1	0.998	−0.2%
0	+1%	0	1	0.997	−0.3%

续表

$V(f_1)$ 误差	$V(f_2)$ 误差	$V(f_3)$ 误差	测量 p （atm）	探测 p （atm）	压强误差
0	−1%	0	1	1.002	+0.2%
0	0	+1%	1	1.002	+0.2%
0	0	−1%	1	0.999	−0.1%
+1.5%	0	−1.5%	2	2.0	0
+1.5%	0	+1.5%	2	1.99	+0.5%
−1.5%	0	+1.5%	2	2.0	0
−1.5%	0	−1.5%	2	2.01	−0.5%

　　下面讨论如何减小气体压强误差，随机选择图 7.1 中五组声速实验数据，每组由三个频率点的测量值点组成，而且满足频率关系 $f_1 < f_2 < f_3$，重建声速频散谱，计算出平均后弛豫频率为 193kHz，探测出的压强为 1.001，误差为 0.1%。根据仿真结果显示，该误差显然远小于表 7.4 中由于 $f_3 = 200$kHz 的声速测量误差在 2.5% 和 −2.5% 时引起的压强探测误差 +0.5% 和 −0.4%。这说明通过简单地重复多次测量和平均重建结果，可以减小声速测量误差，从而降低气体压强的探测误差。

表 7.4　　　　　　图 7.1 中 $f_3 = 200$kHz 的声速测量误差对探测压强参数的影响

$V(f_3)$ 误差	f_m （kHz）	探测 p （atm）	p 误差
2.5%	226	1.005	+0.5%
−2.5%	164	0.996	−0.4%

　　本书提出了一种基于 3 个频率点的声速测量值计算气体的声弛豫频率，并利用声弛豫频率与环境压强成正比的性质实时获取气体压强的算法。仿真结果验证了该方法的有效性。与文献 [143] 提出的基于两个频率点声弛豫吸收谱系数和声速测量值合成弛豫频率最终得到气体压强的方法相比较，本方法需要的测量设备少，方法简单。由于声速的测量精度为 0.01%，与声弛豫吸收谱系数的测量精度 5% 相比，测量精度更高，因此探测的结果更为准确。更为重要的是，由于某些气体（例如氢气）的弛豫发生在高频阶段，此时经典声吸收信号增速很快远大于弛豫吸收，从而加大了测量声弛豫吸收谱信号的难度。然而声速在高频阶段不受经典弛豫的影响，可以准确测量。因此，本书提出的基于 3 个频率点声速测量值合成气体压强的方法通用性更强。

7.2　有效热容

　　人类的日常生活和各种工业生产都与各种各样的气体密切联系，气体传感器则是传感器中品种及数量最庞大的、实用化程度最高的一类[149]。寻找低成本、寿命长、功耗小、受工作环境影响小、可实时连续在线检测、具有适中灵敏度、易于大规律应用的新型智能气体传感技术具有迫切的现实需求。超声传感技术以器件结构简易、耐用性好、成本低、鲁棒性好等特点，在气体泄漏、气体成分监测等领域得到了广泛应用[150]。利用不同成分气体中声速不同的特性进行气体成分检测的历史已有一百多年[151-154]。但这些研究和应用忽略了可激发（多原子或双原子分子）气体的分子内外自由度热弛豫过程对声传播特性的影响，往往只能获得气体浓度的单一信息，而未能从声测量值中提取出更多的气体分子信息。

如果要求声学气体传感器具有智能分析功能，则需要其能够通过基于物理概念解释声速和声吸收测量值中所包含的多种分子特性。声扰动引起气体分子碰撞，使得气体分子内外自由度进行能量交换，让气体热容成为依赖于声频率的气体有效热容，进而影响到声传播特性，即出现依赖于声频率的声速和声弛豫吸收系数[2]。Petculescu 和 Lueptow（PL）提出了一个基于两频点声速和声弛豫吸收系数的激发气体主弛豫过程的两频点重建算法，可通过声测量值合成获得气体有效热容[8]。作者则修正了 PL 算法推导过程中错误使用声弛豫角频率（声吸收谱峰值点对应的声角频率）与等温弛豫时间之间关系的问题，给出了不同热力学条件下的主弛豫过程振动弛豫时间的重建算法[155]。本书首先阐述了气体有效热容的形成机理；其次，给出基于两频点声测量值的有效热容合成算法；最后，分析了声扰动下形成的气体有效热容三要素——转动热容、振动耦合热容和弛豫时间，与气体分子各特征信息的关系，并给出了它们各自在气体检测中的应用前景、环境补偿难度和浓度信息提取难度的优劣对比。推导和计算结果表明：通过声吸收和声速测量值合成的气体有效热容三要素除能获取气体浓度信息外，转动热容可获取气体分子的几何结构，振动耦合热容可用于获取气体分子的微观振动频率，而弛豫时间可获取气体腔体压强，它们在智能声学气体传感中有着广泛的应用前景。

7.2.1 气体有效热容三要素

在声压缩过程中，分子平动能会首先增加，而部分声波能量可通过气体分子间非弹性碰撞，由平动进入分子内部，使得分子内部自由度的能级被激发，造成分子振动和转动形式的温度都会增加。在声膨胀过程中，分子平动和转动建立起热平衡所需时间数量级约为 10^{-10} s，宏观上表现为平动温度和转动温度随气体压力和密度的变化是同相位的。振动模式因较大的能级间隔，使得需要上千次碰撞才能将振动激发能转移给平动自由度，造成振动温度的变化跟不上平动温度的波动，需要一段弛豫时间才能回到热平衡态而形成振动弛豫过程。振动弛豫过程的出现使得滞留在振动模式中声激发能在声膨胀时会发生热弛豫而损耗，从而造成随频率变化的声速频散和声弛豫吸收。振动弛豫过程是气体分子振动频率、质量、结构和成分构成比例等因素所决定的振动能量转移速率的宏观足迹，它的出现在宏观上表现为弛豫气体热容不再是一个实数，而是一个依赖于声波角频率 ω 的复数有效热容，即

$$C_V^{\mathrm{eff}}(\omega) = C_V^{\infty} + \frac{C_{\mathrm{vib}}^{*}}{1 + \mathrm{i}\omega\tau} \tag{7.14}$$

式中，C_{vib}^{*} 和 τ 分别为主弛豫过程分子振动耦合热容和等温弛豫时间，C_V^{∞} 是分子平动 C_t 和

转动热容 C_r 之和。平动有 3 个自由度，则平动等体摩尔热容 C_t 固定为 $3R/2$（$R=8.31$ J/（mol·K），是普适摩尔气体常量）。线性分子有 2 个转动自由度，转动热容 $C_r = R$；非线性分子有 3 个转动自由度，转动热容 $C_r = 3R/2$。

7.2.2　基于两频点声测量值的有效热容合成算法

令 $x(\omega)$ 和 $y(\omega)$ 分别为气体有效热容 $C_V^{\text{eff}}(\omega)$ 的实部和虚部，有以下关系成立：

$$\left[x(\omega) - x_0\right]^2 + \left[-y(\omega)\right]^2 = \left(\frac{C_{\text{vib}}^*}{2}\right)^2 = r^2 \tag{7.15}$$

式中，$x_0 = x\left(\dfrac{1}{\tau}\right) = \dfrac{3}{2}R + C_r + \dfrac{C_{\text{vib}}^*}{2}$，$r = C_{\text{vib}}^*/2$。当 $\omega \in (0, +\infty)$ 时，有 $x(\omega) > 0$，$y(\omega) < 0$。式（7.15）说明 C_V^{eff} 的实部 $x(\omega)$ 和虚部 $y(\omega)$ 在复平面上的轨迹是一个如图 7.3 所示的圆心为 $(x_0, 0)$，半径为 r 或 $C_{\text{vib}}^*/2$ 的下半圆[8]。

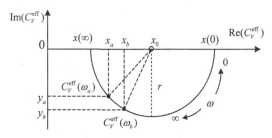

图 7.3　复平面上主弛豫过程有效定容热容 C_V^{eff} 随声波角频率变化的半圆轨迹

由 $C_V^{\text{eff}}(\omega)$ 的另一种表达形式

$$C_V^{\text{eff}}(\omega) = R\left[\frac{\rho_0\left[c(\omega)\right]^2}{P_0\left(1 - \left[\alpha(\omega)\right]^2\left[c(\omega)\right]^2/\omega^2 - 2\mathrm{i}\alpha(\omega)c(\omega)/\omega\right)} - 1\right]^{-1} \tag{7.16}$$

式中，P_0 和 ρ_0 分别为气体静态压强和密度；$c(\omega)$ 和 $\alpha(\omega)$ 分别是依赖于声频率的声速和声弛豫吸收系数。假设分别在两个声频率 ω_a 和 ω_b 上测量得到声速 $c(\omega_a)$、$c(\omega_b)$ 和弛豫吸收系数 $\alpha(\omega_a)$、$\alpha(\omega_b)$。将两频点上声测量值代入式（7.16），便可求得在此两频点上的有效热容为 $C_V^{\text{eff}}(\omega_a) = x_a + \mathrm{i}y_a$，$C_V^{\text{eff}}(\omega_b) = x_b + \mathrm{i}y_b$，其中，$x_a$、$x_b$ 和 y_a、y_b 分别为 $C_V^{\text{eff}}(\omega_a)$ 和 $C_V^{\text{eff}}(\omega_b)$ 的实部和虚部。再将 $C_V^{\text{eff}}(\omega_a)$ 和 $C_V^{\text{eff}}(\omega_b)$ 分别代入式（7.15）后，可联立方程组求得

$$x_0 = \frac{x_a^2 - x_b^2 + y_a^2 - y_b^2}{2(x_a - x_b)} \quad r = \left[x_a^2 + y_a^2 + x_0(x_0 - 2x_a)\right]^{1/2} \tag{7.17}$$

进而由式（7.17）可求得转动热容为

$$C_r = x_0 - r - 3R/2 \tag{7.18}$$

振动热容为

$$C_{\text{vib}}^* = 2r \tag{7.19}$$

等温弛豫时间为

$$\tau = \frac{1}{\omega_a}\sqrt{\frac{2r}{x_a - (x_0 - r)} - 1} \tag{7.20}$$

式（7.18）~式（7.20）表明，可以通过两频点的声测量值合成得到气体有效热容三要素。

7.2.3 气体有效热容三要素与气体分子特征信息的关系

如果背景气体 1 中混入外来气体 2 时（假设其摩尔分数为 x），混合气体转动热容之和 C^r_{mix} 可表示为

$$C^r_{mix} = (1 - x)C^r_1 + xC^r_2 \tag{7.21}$$

式中，C^r_1 和 C^r_2 分别是背景气体和外来气体平动和转动热容之和。背景气体的转动热容 C^r_1 可以通过式（7.20）预先测量获得。当混入外来气体后，如果混合气体中测量得到的转动热容 $C^r_{mix} = C^r_1$，则可说明背景气体和外来气体分子几何结构同是线性分子或非线性分子；而当 $C^r_{mix} \neq C^r_1$ 时，则说明背景气体和外来气体分子几何结构不同，进而由式（7.21）可求得外来气体的摩尔分数为

$$x = \frac{(x_0 - r - 3R/2) - C^r_1}{C^r_2 - C^r_1} \tag{7.22}$$

可见，C_r 不仅可提供气体摩尔分数信息，还可用于判断气体是非线性分子还是线性分子，且 C_r 的取值与环境温度和压强无关，则利用转动热容检测气体具有无需环境补偿的优点。例如，当 N_2 为背景气体时，由于它为线性分子，则其转动热容 $C^r_1 = 8.31$ J/（mol·K）。当背景气体混入某一未知成分的外来气体（假设为 40%CH_4）后，在两个声频率 $f_a = \omega_a/2\pi = 40$kHz 和 $f_b = \omega_b/2\pi = 125$kHz 上，当温度 $T = 293$K，压强 $p = 1$atm 时，可测量得到声速 $c(\omega_a) = 377.9$m/s、$c(\omega_b) = 378.8$m/s 和弛豫吸收系数 $\alpha(\omega_a) = 1.623$/m、$\alpha(\omega_b) = 3.469$/m（由解耦合物理模型[2][9]得到），此时 $C^r_{mix} = 9.975$J/（mol·K）。由于 $C^r_{mix} \neq C^r_1$，说明混入的气体是非线性分子，则 $C^r_2 = 12.465$ J/（mol·K），再由（9）式可计算得外来气体 2 的摩尔分数为 $x \approx 40\%$。

振动耦合热容 C^*_{vib} 虽然是各振动模式热容耦合后的结果，但主弛豫过程的耦合热容几乎等于所有振动模式的摩尔分数热容的总和[10]。对于气体中某一振动模式的定体摩尔热容为[2]

$$C_{vib} = R\left(\frac{\theta^{vib}}{T_0}\right)^2 \frac{\exp(\theta^{vib}/T_0)}{[\exp(\theta^{vib}/T_0) - 1]^2} \tag{7.23}$$

式中，$\theta^{vib} = h\upsilon/k_B$ 为振动特征温度，h 为普朗克常数，υ 为该振动模式的简正频率。可见，一方面 C^*_{vib} 仅与温度相关（并有明确的解析关系）而与压强无关；另一方面 C^*_{vib} 仅与气体分子各振动模式的热容有关。除环境温度外，振动模式热容 C_{vib} 取决于其振动频率和简并度。气体分子的振动频率大小具有唯一性，而这是利用光谱进行定量和定性分析气体成分的基本原理。所以，耦合热容 C^*_{vib} 中不仅携带了气体浓度信息，还同时携带了振动模式特征频率这一重要的信息。这无疑为以廉价的超声传感测量替代昂贵的光谱测量方法，来定性地判断气体分子成分提供了一种可能性。例如，当 $T = 273.15$K，$p = 1$atm 时，在两频点

40kHz 和 125kHz 上，对于 100%CO_2 可测量得到声速 $c(\omega_a) = 265.1\text{m/s}$、$c(\omega_b) = 268.2\text{m/s}$ 和弛豫吸收系数 $\alpha(\omega_a) = 16.23/\text{m}$、$\alpha(\omega_b) = 24.48/\text{m}$，对于 100%$CH_4$ 可测量得到声速 $c(\omega_a) = 431.7\text{m/s}$、$c(\omega_b) = 433.2\text{m/s}$ 和弛豫吸收系数 $\alpha(\omega_a) = 1.467/\text{m}$、$\alpha(\omega_b) = 6.316/\text{m}$[9]。利用式（7.23）可计算 100%$CO_2$ 中 $C^*_{\text{vib}} = 6.79$ J/（mol·K），100%CH_4 中 $C^*_{\text{vib}} = 1.55$ J/（mol·K），则可判断 CO_2 分子相比 CH_4 分子具有更低频率的振动模式。

振动弛豫时间 τ 与环境温度和压强都有关，还同时是由分子浓度、分子质量、分子振动频率、振动幅度、振动模式简并度、碰撞直径、势阱深度、外自由度热容等多种分子特性，通过分子相互间的非弹性碰撞，以极其复杂的方式相互耦合后所形成的宏观分子弛豫特性。因此，弛豫时间和气体浓度之间并无解析关系；且因弛豫时间是不同种类分子的各种特性相互耦合后形成的宏观特性，导致无法利用它解析地获取混合气体中气体分子的某一特性。虽然可以利用弛豫时间以类似查表的方式定量和定性地检测气体成分，但是却不能解析地提取到气体分子浓度和结构特性信息，导致其实用性会受到较大限制。但是，由于振动弛豫时间 τ 线性反比于分子碰撞速率，而分子碰撞速率线性正比于气体压强，则当环境温度一定时，τ 与压强成线性反比关系，所以可利用这一特性通过简单的查表方式获取气体腔体压强的信息[156]。例如，当 $T = 295\text{K}$，$p = 1\text{atm}$ 时，对于 100%Cl_2 在两频点 40kHz 和 125kHz 上，可测量得到声速 $c(\omega_a) = 217.2\text{m/s}$、$c(\omega_b) = 219.5\text{m/s}$ 和弛豫吸收系数 $\alpha(\omega_a) = 14.99/\text{m}$、$\alpha(\omega_b) = 26.79/\text{m}$，计算得到弛豫时间 $\tau_1 = 4.74 \times 10^{-6}$ s；而当 $T = 295\text{K}$，$p = 1.2\text{atm}$ 时，可测量得到声速 $c(\omega_a) = 216.7\text{m/s}$、$c(\omega_b) = 219.3\text{m/s}$ 和弛豫吸收系数 $\alpha(\omega_a) = 14.80/\text{m}$、$\alpha(\omega_b) = 30.93/\text{m}$，计算得到弛豫时间 $\tau_2 = 3.95 \times 10^{-6}\text{s} = \tau_1/1.2$。可见，振动弛豫时间具有反比于气体腔体压强的特性。

所以，有效热容三要素包含了气体浓度和分子结构特性等多维信息，它们都可用于气体检测。但这三个要素与气体分子之间关系的复杂程度各不相同，需要分析如何恰当地对这三个要素进行选择，从而达到可实用化地通过声测量值智能检测气体分子成分结构特征和浓度等多维信息的目的。表 7.5 详细地给出了气体有效热容三个要素应用于检测气体的优劣对比。

表 7.5　　　　　　　　　气体有效热容三个要素应用于气体检测时的优劣对比

气体有效热容要素	与环境条件的关系	环境补偿难度	气体浓度信息提取难度	其他分子特性的提取
振动弛豫时间	线性反比于压强，与温度无解析关系	较困难	困难	多种分子特性耦合形成，难以分离提取；可获取气体腔体压强
转动热容	无关	无需	容易	分子几何结构（非线性或线性）
振动耦合热容	仅与温度相关，但有解析关系	容易	容易	振动特征频率

本节分析了基于两频点声测量值合成的气体有效热容三要素——转动热容，振动耦合热容和振动弛豫时间，与气体分子各特征信息的关系，以及它们应用于气体智能检测时的优劣对比。虽然有效热容的三个要素均包含了气体浓度和分子结构特性的信息，都可用于气体检测，但是利用它们进行气体检测时却具有不同的优劣：①振动弛豫时间受环境条件影响较大，与温度、压强均有关，且与温度无解析关系，难以进行环境条件补偿；且是不同种类分子的多种特性耦合后的宏观特性，难以从中提取气体分子的浓度或某一结构特性；但其与气体压强成线性反比关系，所以可利用这一特性通过简单的查表方式获取腔体压强的信息。②转动热容与气体浓度（摩尔分数）之间有简单的解析关系，与温度、压强均无关，可以简单地提取到气体分子的浓度和几何结构信息。③振动耦合热容与气体浓度之间有简单的解析关系；仅与温度有关，且两者之间有明确的解析关系，容易进行温度补偿；它还包含有振动模式特征频率的信息，这为利用声学方法定性地判断气体分子成分提供了可能性，这是有效热容气体检测理论有待突破的一个重要方向和难点。

7.3　单频点声速探测

气体传感器是传感器中品种及数量最庞大、实用化程度最高的一类，寻找低成本、寿命长、功耗小、受工作环境影响小、可实时连续在线检测、具有适中灵敏度、易于大规律应用的新气体传感技术是现实的迫切需求[157]。声波与待测气体相互作用后进行接收，接收到的声信号携带了气体分子的部分参量信息，通过分析接收到声信号获得气体分子的参量信息从而达到检测的目的。声学气体传感技术以器件结构简易、耐用性好、成本低、鲁棒性好等特点，在气体泄漏、气体成分监测等领域得到了广泛应用，其探测精度可达 30 ppm，响应速度可至毫秒级。

早在 20 世纪 20 年代，Geberth[158] 便利用声速随气体含量变化的特性，在测量氧气中混入少量氢气时敏感度可达 0.1%。随着声换能器制造工艺的提升，一些学者则通过声传播时间（time-of-flight，TOF）来分析 ^{3}He-^{4}He 混合气体的含量变化，精确度可达 0.6%。Lueptow 和 Phillips[159] 继续利用声速 TOF 的方法测量天然气中甲烷的含量时，其误差不超过 1.2%。阎玉舜等推导了二元混合气体浓度与声速的解析关系，研制了超声氯气浓度分析仪[160]。单鸣雷等则利用两个通道温度相等和声程不变时的气体浓度与声时差近似成正比关系，使用参比法测量二元混合气体的微量浓度[161]。

本小节将首先分析声速与气体分子各参量之间的关系；然后，在阎玉舜等 [160] 研究的基础上，给出了基于单频点声速的二元混合气体浓度检测的单根求解法原理；最后，给出了该检测原理在瓦斯气体（不同浓度甲烷和干燥空气的混合气体）泄漏中的应用案例。仿真结果表明，基于单频点声速的气体浓度检测方法可用于二元混合气体浓度的实时检测，且具有简捷快速和无需现场标定的优点。

7.3.1　声速与气体分子各参量的关系

声必须借助介质才可以传播，而介质的可压缩性决定了声传播速度的快慢。1816 年，Pierre-Simon Laplace 修正了 Isaac Newton 的基于热力学等温过程的公式，给出了基于绝热过程的声速经典表达式。气体中的声速 c 可表示为：

$$c = \sqrt{\frac{\gamma R T_0}{M}} \tag{7.24}$$

式中，$R = 8.31$ J/（mol·K）是普适摩尔气体常量，T_0 为气体温度，M 是气体摩尔质量，$\gamma = (C_V + R)/C_V$ 是气体摩尔热容比，C_V 是气体定体摩尔热容。式（7.24）表明声速除了正比于环境温度，还反比于气体定体摩尔热容和气体摩尔质量。当摩尔分数为 x 的待测气体 1 混入背景气体 2 中后，由式（7.24）可知二元混合气体中声速 c_{mix} 为：

$$
\begin{aligned}
c_{mix}^2 &= \gamma_{mix} R T_0 / M_{mix} \\
M_{mix} &= x M_1 + (1-x) M_2 \\
\gamma_{mix} &= \frac{x(C_{V1} + R) + (1-x)(C_{V2} + R)}{x C_{V1} + (1-x) C_{V2}}
\end{aligned}
\tag{7.25}
$$

式中，C_{V1} 和 C_{V2} 分别是气体 1 和气体 2 的定体摩尔热容，M_1 和 M_2 分别是气体 1 和气体 2 的摩尔质量。由式（7.25）可知，气体分子浓度信息包含在混合气体的摩尔质量 M_{mix} 和摩尔热容比 γ_{mix} 中。M_{mix} 仅与背景气体和外来气体的分子种类以及外来气体的摩尔分数有关，而 γ_{mix} 不仅与分子种类和摩尔分数相关，还与气体温度和测量声速时所选择的声换能器工作频率有关。

对于多原子分子气体分子，声扰动导致分子间发生非弹性碰撞，使得一部分声能量进入分子内部，成为振动激发能。而这部分激发能会通过弛豫过程，以热的形式退激发而使得气体的热力学热容不再只是温度的函数，成为同时也依赖于声频率的有效热容 $C_V^{eff}(\omega) = C_V^{\infty} + C_{vib}^{*}/(1 + i\omega\tau)$，其中 C_V^{∞} 是分子平动和转动热容之和，线性分子 $C_V^{\infty} = 5R/2$，非线性分子 $C_V^{\infty} = 3R$，C_{vib}^{*} 是分子振动耦合摩尔热容，且有 $C_V = C_V^{\infty} + C_{vib}^{*}$，$\tau$ 是分子弛豫时间，ω 是声波角频率。$C_V^{eff}(\omega)$ 影响到式（7.24）中摩尔热容比，进而造成随频率变化的声速频散 $c(\omega)$：

$$c(\omega) = \sqrt{T_0/M} A \left[(B^2 + C^2)^{1/2} + B \right]^{-1/2} \tag{7.26}$$

其中 $A = \sqrt{2R\left[(x(\omega) + R)^2 + y^2(\omega)\right]}$，$B = x^2(\omega) + y^2(\omega) + R x(\omega)$，$C = R y(\omega)$，$x(\omega)$ 和 $y(\omega)$ 分别是 $C_V^{eff}(\omega)$ 的实部和虚部。由式（7.26）可求得声速频散的最大值 c^{∞}（当 $\omega\tau \to \infty$ 时）和最小值 c^0（当 $\omega\tau \to 0$ 时）分别为：

$$c^{\infty} = \sqrt{\frac{R T_0}{M}\left(1 + \frac{R}{C_V^{\infty}}\right)}, \quad c^0 = \sqrt{\frac{R T_0}{M}\left(1 + \frac{R}{C_V}\right)} \tag{7.27}$$

对比式（7.23）和式（7.27），可知声速的经典公式等价于发生声频散时声速的最小值 c^0。由于气体分子的振动耦合热容 C_{vib}^{*} 在常温下数值很小，则有 $C_V \approx C_V^{\infty}$ 使得 $c^{\infty} \approx c^0$，除环境温度外，声速的快慢主要是由气体分子质量决定的，而受分子振动弛豫影响较小。

7.3.2 基于声速经典公式的浓度单根求解法

单根求解法是利用气体中声速与气体分子各参量以及环境温度的解析表达式，直接求解得到背景气体中混入外来气体后，外来气体浓度与声速之间的解析表达式。令 $y = c_{mix}^2 / R T_0 = \gamma_{mix} / M_{mix}$，则可得：

$$\frac{xC_{V1} + (1-x)C_{V2} + R}{xC_{V1} + (1-x)C_{V2}} = y[xM_1 + (1-x)M_2] \tag{7.28}$$

式中，M_1 和 M_2 分别是待测气体和背景气体的摩尔质量。由式（7.28）可得：

$$Ex^2 + Fx + J = 0 \tag{7.29}$$

$$E = (M_1 - M_2)(C_{V1} - C_{V2})y$$

$$F = (M_1C_{V2} + M_2C_{V1} - 2C_{V2}M_2)y - C_{V1} + C_{V2}$$

$$J = M_2C_{V2}y - C_{V2} - R$$

由于二元气体的成分已知，则 C_{V1}、C_{V2}、M_1 和 M_2 已知，而 y 可通过声速和环境温度测量获得（其中声速可在固定声程后测量传播声时间而获得）。由于 $0 \leqslant x \leqslant 1$，所以方程（7.29）有单根，从而求得外来气体摩尔分数为：

$$x = \frac{-F - \sqrt{F^2 - 4EJ}}{2E} \tag{7.30}$$

进一步，当两种气体分子是单原子分子气体时，由于 $C_{vib}^* = 0$，$C_{V1} = C_{V2} = 3R/2$，则由式（7.29）可知 $E = 0$，$F = (M_1 - M_2)\dfrac{3R}{2}y$，$J = \dfrac{3R}{2}M_2y - \dfrac{5R}{2}$，从而可得到简化的浓度线性求解公式：

$$x = -\frac{J}{F} = \frac{5 - 3yM_2}{(M_1 - M_2)3y} \tag{7.31}$$

由式（7.31）可明显看到，单根求解法的测量原理在于摩尔质量较高的气体介质中声速较小，而摩尔质量较低的气体介质中声速较大。因此，单根求解法不适用于背景气体和外来气体摩尔质量相同的情况。

7.3.3 仿真实验结果

煤层瓦斯的主要成分是甲烷气体 CH_4：当空气中甲烷的浓度在 5%～16% 范围内，遇到明火会立即发生剧烈爆炸；甲烷浓度超过 16% 时，空气中氧气浓度不足，容易让人因缺氧而窒息。本小节以室温下干燥空气（假设由 79%N_2 和 21%O_2 组成）中混入不同浓度甲烷气体为例，模拟瓦斯泄漏的场景以验证基于单频点声速的气体浓度检测方法的有效性。仿真计算的相关参数如下：干燥空气的摩尔质量 $M_{air} = 29$ g/mol，由于氮气和氧气均为线性分子，则其定体摩尔热容 $C_{V, air}^\infty = 5R/2$；甲烷的摩尔质量 $M_{CH_4} = 16$ g/mol，为非线性分子，则其定体摩尔热容 $C_{V, CH_4}^\infty = 3R$。

图 7.4 是温度为 $T_0 = 300K$ 时，背景气体为干燥空气，当混入浓度（摩尔分数）分别为 0%、5%、6%、7%、8% 和 9% 的甲烷时，由作者提出的物理模型计算得到的声速随频率变化的声速频散曲线（依次从下到上）。由此可见，随着甲烷浓度的升高，声速明显变快，这是因为声速主要是由气体分子质量决定的，而甲烷分子质量低于干燥空气分子质量。并且，随着声频率的变化，声速频散曲线在一定频率范围内只呈现轻微的 S 形弯曲，这说明分子弛豫对声速影响较小。

表 7.6 则给出了温度 $T_0 = 300K$ 时，干燥空气中混入甲烷气体，当甲烷浓度分别为

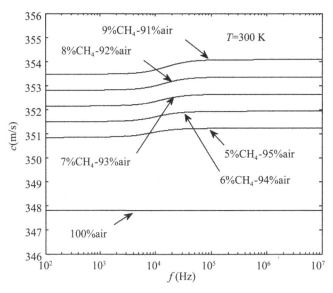

图 7.4 不同浓度干燥空气和甲烷混合气体的声速频散曲线

0%、5%、6%、7%、8% 和 9% 时计算的声速值（对应图 1 中声速频散曲线的低频段声速），以及计算得到的甲烷浓度检测结果。可见，浓度检测结果与表 7.6 中第一列假设的甲烷浓度一致，这证明了基于经典声速公式的浓度单根求解法的有效性。需要说明的是，为获得气体定体摩尔热容 C_V，还需计算振动耦合摩尔热容 C_{vib}^*。将多原子气体分子的一个振动自由度看作一个谐振子后，可用 Planck-Einstein 公式计算该振动自由度的热容，再对气体分子各振动自由度的热容求和便可获得气体分子的耦合摩尔热容 C_{vib}^* [10,11]。可计算得到当温度 $T_0 = 300K$ 时 $C_{\mathrm{vib,\,air}}^* \approx 0.282\ \mathrm{J/(mol \cdot K)}$，$C_{\mathrm{vib,\,CH_4}}^* \approx 2.439\ \mathrm{J/(mol \cdot K)}$。

表 7.6 干燥空气中含不同浓度甲烷时的声速值及其甲烷浓度检测结果（温度 $T_0 = 300K$）

气体成分	声速（m/s）	检测结果
100%air	347.147	0%
5%CH$_4$-95%air	350.330	4.99%
6%CH$_4$-94%air	350.984	6.00%
7%CH$_4$-93%air	351.642	6.99%
8%CH$_4$-92%air	352.307	8.00%
9%CH$_4$-91%air	352.977	8.99%

　　本小节通过分析影响气体中声速快慢的各因素，给出了基于经典声速公式的浓度单根求解法，以及当背景气体和外来气体均为单原子分子气体时的简化线性求解公式。声速除

了正比于环境温度，还反比于气体定体摩尔热容和气体摩尔质量，而气体分子的振动热弛豫过程使得气体定体摩尔热容不再只是温度的函数，成为同时也依赖于声频率的有效热容。不同浓度甲烷和干燥空气混合气体（模拟瓦斯泄漏的场景）的仿真实验结果证明了：声速主要由气体分子质量决定而受分子弛豫过程的影响较小；基于单频点声速的气体浓度单根求解法在二元混合气体浓度监测中具有有效性，且具有无需标定便可通过简单的方程根求解、实时地获得待测气体的浓度值的优点。由于气体浓度单根求解法是基于声速经典公式推导而得，所以该方法不仅适用于甲烷和空气的混合气体，而且只要修改相应的参数便可推广应用于其他二元混合气体。

7.4　本章小结

　　本章介绍了三种利用声弛豫特性进行气体探测的方法：在三个频率点测量声速，然后计算得到声速频散谱拐点的弛豫频率，最后根据弛豫频率与压强成线性正比的关系得到气体压强；分析声扰动下形成的气体有效热容的三要素——转动热容、振动耦合热容和振动弛豫时间，与气体分子各特征信息的关系，并指出了它们各自在智能声学气体传感应用中的前景和优劣对比；分析了气体中声速的各影响因素，给出了基于经典声速公式的二元混合气体浓度单根求解法，以及当二元混合气体均为单原子分子时简化的浓度线性求解公式。本章为声弛豫技术的具体应用提供了一种设备简单、测量精度高的方法。

第8章 总结与展望

8.1 本书工作总结

本书提出了基于声弛豫的掺氢混合气体传感技术，克服了传统气体分子振动弛豫理论不能探测掺氢混合气体的缺点，构建复合弛豫模型，并将该模型解耦；在此理论基础上构建声速谱拐点有效探测区域，利用有限个频率点的声速测量值重构声速频散谱，将得到声速谱拐点定位到有效区域，定性且定量地探测掺氢混合气体；最后本书研制了能够进行高低压声学气体测量的新型实验设备。本研究的成果如下：

（1）构建掺氢混合气体的复合弛豫理论模型。

现有的大部分声弛豫模型是基于气体分子振动弛豫，并不适用于氢气。本研究利用理想气体焓变与等压热容的关系，提出了基于分子转动弛豫的氢气模型，并讨论了转动弛豫和振动弛豫的相似与不同。在该模型的基础上，与传统振动弛豫模型相结合，构建了掺氢混合气体复合弛豫模型。仿真结果表明，对于氢气、氢气和氮气、氢气和二氧化碳等掺氢混合气体，该模型生成的声速、声弛豫吸收谱曲线与实验数据吻合。本模型为掺氢混合气体声学探测提供了一个有效理论模型。

（2）解耦氢气转动弛豫模型，构建掺氢混合气体复合弛豫解耦模型。

常温下氢气是一种不同浓度 p-H_2 和 o-H_2 混合气体，将研究内容（1）的氢气转动弛豫模型解耦，得到氢气多模式转动弛豫过程的解耦表达式，解耦结果发现：常温下氢气的转动弛豫过程主要有四个单转动弛豫过程构成。在此基础上，与传统的分子振动弛豫解耦模型相结合，构建了一个掺氢混合气体的复合弛豫解耦模型。与研究内容（1）相比，该复合解耦模型生成的掺氢混合气体声速频散谱曲线与实验数据吻合得更好，可用于气体探测。

上述两个方面的工作完成了掺氢混合气体弛豫模型构建与解耦，分析了氢气、掺氢混合气体的声学弛豫信息和传播特性，为下面的掺氢混合气体的声学探测方法提供了理论支撑。

（3）提出基于声速谱拐点的掺氢混合气体探测方法。

针对传统的声弛豫吸收谱系数测量方法繁琐、实验设备复杂，误差率高达 5% 的缺点，提出了基于声速谱拐点的气体探测方法。该方法利用声速频散谱线上的拐点唯一性，首先在 $2N+1$ 个频率点上测量的声速值重建 N 个单弛豫过程的声速频散谱，计算出声速谱拐点；然后利用研究内容（2）的解耦模型构建有效探测区域；最后将测量得到的声速谱拐点定位到有效探测区域，从而进行气体探测。此外，本研究还利用实际环境中温度对声速谱拐点的影响进行补偿和校正，仿真结果验证了该方法的有效性。因此，基于测量声速的易操作性和精确性，本书提出的基于声速谱拐点的气体探测方法，克服了现有基于声弛豫吸收谱信息或者有效比热容方法不能探测弛豫发生在高频阶段气体的局限性。

（4）新型声学气体实验设备的研制。

针对实验室前期声学气体实验设备只能在负压条件下进行实验的缺点，本书研制了新型声学实验设备。该实验设备能够在真空和 $1\sim30$ 个大气压下进行实验，在腔体内外分别有加热模块对实验腔体加热，到达预定的温度进行实验；腔体内置摄像头和风扇：自带光源的摄像头确保在漆黑环境下能够监控腔体内声学传感器的状态；风扇转动增加腔体内部的气体流通，确保测试气体的温度均匀。利用该实验设备进行了多种混合气体的声速和声弛豫吸收谱系数实验数据测量，为理论研究提供了有效支撑。

8.2　下一步工作

本研究通过探讨掺氢混合气体的复合弛豫模型和解耦模型，完善了现有的声学分子弛豫气体传感技术的理论，并提出了基于声速谱拐点的气体探测技术，推动了声学气体传感技术的实用化进展。下一步将继续深入开展研究的工作：

（1）进一步利用实验数据验证氢气分子转动弛豫模型。正确理解氢气分子转动模式的微观能量转移如何形成最终的宏观弛豫过程，仍是一项具有挑战性的工作。由于氢气的易燃易爆危险性和氢气转动弛豫过程发生在高频阶段，导致实验和测量困难重重。就目前笔者所知，掺氢混合气体的声弛豫吸收谱系数实验数据非常少。如何在保证安全的基础上，得到更多的实验数据，是下一步的研究难点。

（2）氢气转动弛豫解耦模型的针对性研究。利用氢气的转动弛豫解耦模型能够将氢气的转动弛豫过程简化为几个单转动弛豫过程，并且将该解耦模型与传统的振动弛豫解耦模型相结合，构建掺氢混合气体解耦模型进行探测。但是，目前该方法仅仅局限于氢气和氮气、二氧化碳、氧气等混合气体，如何将该方法扩展到更多的工业气体例如氯气、二氧化硫等，是下一步将要开展的工作。

（3）基于声速谱拐点的气体探测方法在实际应用中的研究。本研究结合环境温度和声速谱拐点这两个重要参数构建了一个有效探测区域来进行气体探测，并且利用实际探测中温度值对测量误差进行补偿。但是，与工业上成熟的气体传感技术相比，利用声速谱拐点位置进行气体探测还有很长的路要走。虽然目前测量声速的精度理论上可以控制在 0.01%，实际上工业上声速的测量由于受环境和测量设备的限制，达不到这么高的精确值，因此如何兼顾精度和成本仍是一个挑战。

最后，虽然本书已经研制出高低压声学气体弛豫实验设备，成功获得了多种混合气体的实验数据。但是，本书提出的方法还需要更多种类混合气体实验数据验证，与工业上成熟的气体传感技术相比较，该方法依然还有较大差距。

参 考 文 献

［1］ Wang Q, Hisatomi T, Jia Q, et al. Scalable Water Splitting on Particulate Photocatalyst Sheets with a Solar-to-Hydrogen Energy Conversion Efficiency Exceeding 1% ［J］. Nature Materials, 2016, 15 （6）: 611.

［2］ Veziroglu T. Hydrogen Energy ［M］. Springer Science & Business Media, 2012.

［3］ Mazloomi K, Gomes C. Hydrogen as an Energy Carrier: Prospects and Challenges ［J］. Renewable and Sustainable Energy Reviews, 2012, 16 （5）: 3024-3033.

［4］ Hübert T, Boon-Brett L, Black G, et al. Hydrogen Sensors—A Review ［J］. Sensors and Actuators, B: Chemical, 2011, 157 （2）: 329-352.

［5］ 王志安. 平板显示用玻璃基板生产中玻璃液流经铂（合）金通道时气泡产生的原因分析与对策 ［J］. 玻璃与搪瓷, 2015 （3）: 4-8.

［6］ Hoffmann P. The Forever Fuel: The Story of Hydrogen ［M］. Routledge, 2019.

［7］ Hanf S, Bögözi T, Keiner R, et al. Fast and Highly Sensitive Fiber-Enhanced Raman Spectroscopic Monitoring of Molecular H_2 and CH_4 for Point-of-Care Diagnosis of Malabsorption Disorders in Exhaled Human Breath ［J］. Analytical Chemistry, 2015, 87 （2）: 982.

［8］ Hong J, Lee S, Seo J, et al. A Highly Sensitive Hydrogen Sensor with Gas Selectivity Using a PMMA Membrane-Coated Pd Nanoparticle/Single-Layer Graphene Hybrid ［J］. ACS Applied Materials and Interfaces, 2015, 7 （6）: 3554-3561.

［9］ 高宏达. 掺氢天然气 HCCI 发动机燃烧特性模拟研究 ［D］. 大连: 大连理工大学, 2013.

［10］ Hübert T, Boon-Brett L, Palmisano V, et al. Developments in Gas Sensor Technology for Hydrogen Safety ［J］. International Journal of Hydrogen Energy, 2014, 39 （35）: 20474-20483.

［11］ Kalghatgi G. Fuel Effects on Autoignition in Premixed Systems—Knock in Spark Ignition Engines and Combustion in Homogeneous Charge Compression Ignition Engines ［M］. SAE, 2014.

［12］ Verma G, Prasad R K, Agarwal R A, et al. Experimental Investigations of Combustion, Performance and Emission Characteristics of a Hydrogen Enriched Natural Gas Fuelled Prototype Spark Ignition Engine ［J］. Fuel, 2016, 178: 209-217.

［13］ 雍永亮. 气体传感器理论 ［M］. 北京: 电子工业出版社, 2019.

［14］ 樊荣, 侯媛彬, 郭清华. 激光甲烷传感器相关理论及其检测方法研究 ［M］. 西安:

西安电子科技大学出版社, 2017.

[15] Smulko J M, Trawka M, Granqvist C G, et al. New Approaches for Improving Selectivity and Sensitivity of Resistive Gas Sensors: A Review [J]. Sensor Review, 2015, 35 (4): 340-347.

[16] Bogue R. Detecting Gases with Light: A Review of Optical Gas Sensor Technologies [J]. Sensor Review, 2015, 35 (2): 133-140.

[17] 刘小玲, 罗荣辉, 张操, 郭小伟. 基于光声光谱法气体探测传声器的研究进展 [J]. 电子与封装, 2011, 11 (2): 34-38.

[18] 胡皆汉, 郑学仿. 实用红外光谱学 [M]. 北京: 科学出版社, 2011.

[19] Liu X, Cheng S, Liu H, et al. A Survey on Gas Sensing Technology [J]. Sensors, 2012: 9635-9665.

[20] Lee Y C, Huang H, Tan O K, et al. Semiconductor Gas Sensor Based on Pd-Doped SnO2 Nanorod Thin Films [J]. Sensors and Actuators B: Chemical, 2008, 132 (1): 239-242.

[21] Šutka A, Gross K A. Spinel Ferrite Oxide Semiconductor Gas Sensors [J]. Sensors and Actuators B: Chemical, 2016, 222: 95-105.

[22] Plecenik T, Moško M, Haidry A A, et al. Fast Highly-Sensitive Room-Temperature Semiconductor Gas Sensor Based on the Nanoscale Pt-TiO2-Pt Sandwich [J]. Sensors and Actuators B: Chemical, 2015, 207: 351-361.

[23] Kuberský P, Hamácek A, Kroupa M, et al. Potentiostat Solution for Electrochemical Amperometric Gas Sensor [C]. 35th International Spring Seminar on Electronics Technology. IEEE, 2012: 388-393.

[24] Tebizi-Tighilt F-Z, Zane F, Belhaneche-Bensemra N, et al. Electrochemical Gas Sensors Based on Polypyrrole-Porous Silicon [J]. Applied Surface Science, 2013, 269: 180-183.

[25] Depari A, Flammini A, Sisinni E, et al. Fast, Versatile, and Low-Cost Interface Circuit for Electrochemical and Resistive Gas Sensor [J]. IEEE Sensors Journal, 2013, 14 (2): 315-323.

[26] Lee E-B, Hwang I-S, Cha J-H, et al. Micromachined Catalytic Combustible Hydrogen Gas Sensor [J]. Sensors and Actuators B: Chemical, 2011, 153 (2): 392-397.

[27] Goutham S, Kaur S, Sadasivuni K K, et al. Nanostructured ZnO Gas Sensors Obtained by Green Method and Combustion Technique [J]. Materials Science in Semiconductor Processing, 2017, 57: 110-115.

[28] Sherif S M, Swillam M A. Metal-Less Silicon Plasmonic Mid-Infrared Gas Sensor [J]. Journal of Nanophotonics, 2016, 10 (2): 26025.

[29] 谭秋林. 红外光学气体传感器及检测系统 [M]. 北京: 机械工业出版社, 2013.

[30] Neethirajan S, Jayas D S, Sadistap S. Carbon Dioxide (CO_2) Sensors for the Agri-Food Industry—a Review [J]. Food and Bioprocess Technology, 2009, 2 (2): 115-121.

[31] He S T, Li S Z, Wang W, et al. A Review of SAW Gas Sensor [J]. Instrument Technique and Sensor, 2009 (z1): 117-121.

［32］ Jiuling H E S W W L I U, Shunzhou L I U M L I. Research Progress of Surface Acoustic Wave Based Gas Sensors［J］. Applied Acoustics, 2013（4）: 5.

［33］ 李彩云. 基于声速谱的气体成分传感理论研究［M］. 武汉: 华中科技大学出版社, 2018.

［34］ Laugier P, Haïat G. Bone Quantitative Ultrasound［M］. Springer, 2011.

［35］ 林书玉. 超声换能器的原理与设计［M］. 北京: 科学出版社, 2019.

［36］ Yi H, Shu W, Ming Z. A Relaxation Times Coupling Method to Construct Acoustic Relaxation Calibration for Two-Frequency Measuring Gas Compositions［J］. Applied Acoustics, 2016, 113: 102-108.

［37］ Petculescu A, Lueptow R M. Quantitative Acoustic Relaxational Spectroscopy for Real-Time Monitoring of Natural Gas: A Perspective on Its Potential［J/OL］. Sensors and Actuators, B: Chemical, 2012, 169: 121-127.

［38］ 赵清. 基于声弛豫方法的混合气体浓度检测［D］. 北京: 华北电力大学, 2019.

［39］ 佘世刚, 李海峰, 陈晟, 等. 超声波气体流量测量与泄漏检测技术研究［J］. 传感器与微系统, 2019（8）: 34.

［40］ Vyas J C, Katti V R, Gupta S K, et al. A Non-Invasive Ultrasonic Gas Sensor for Binary Gas Mixtures［J］. Sensors and Actuators, B: Chemical, 2006, 115（1）: 28-32.

［41］ Petculescu A G. Future Trends in Acoustic Gas Sensing［J］. Journal of Optoelectronics and Advanced Materials, 2006, 8（1）: 217-222.

［42］ Püttmer A. New Applications for Ultrasonic Sensors in Process Industries［J］. Ultrasonics, 2006, 44（SUPPL.）: 1-5.

［43］ Witschi H. Fritz Haber: 1868-1934［J］. Toxicological Sciences, 2000, 55（1）: 1-2.

［44］ Garrett S. Sonic Gas Analyzer for Hydrogen and Methane［J/OL］. The Journal of the Acoustical Society of America, 2008, 123（5）: 3372.

［45］ R. A G. A New Method of Gas Analysis［J］. Industrial and Engineering Chemistry, 1923, 15（12）: 1277-1278.

［46］ Griffiths E. A Gas Analysis Instrument Based on Sound Velocity Measurement［J］. Proceedings of the Physical Society, 1926, 39（1）: 300.

［47］ Kagiwada R S, Rudnick I. Note on a Simple Method for Determining the Isotopic Concentration of a 3 He- 4 He Gas［J］. Journal of Low Temperature Physics, 1970, 3（1）: 113-114.

［48］ Guillon F, Harrison J P, Tyler A. Acoustical Time of Flight Analysis of 3He-4He Gas Mixtures［J］. Journal of Physics E: Scientific Instruments, 1981, 14（10）: 1147-1148.

［49］ Polturak E, Garrett S L, Lipson S G. Precision Acoustic Gas Analyzer for Binary Mixtures［J］. Review of Scientific Instruments, 1986, 57（11）: 2837-2841.

［50］ Hallewell G, Crawford G, McShurley D, et al. A Sonar-Based Technique for the Ratiometric Determination of Binary Gas Mixtures［J］. Nuclear Instruments and Methods in Physics Research Section A: Accelerators, Spectrometers, Detectors and Associated

Equipment, 1988, 264 (2-3): 219-234.

[51] Lueptow R M, Phillips S. Acoustic Sensor for Determining Combustion Properties of Natural Gas [J]. Measurement Science and Technology, 1994, 5 (11): 1375-1381.

[52] Zipser L, Wächter F, Franke H. Acoustic Gas Sensors Using Airborne Sound Properties [J]. Sensors and Actuators, B: Chemical, 2000, 68 (1): 162-167.

[53] Zipser L, Wächter F. Acoustic Sensor for Ternary Gas Analysis [J]. Sensors and Actuators B: Chemical, 1995, 26-27: 195-198.

[54] Terhune J H. Method and Apparatus for Detectiong Hydrogen, Oxygen and Water Vapor Concentrations in a Host Gas. : 4520654 [P]. 1985.

[55] Ejakov S G, Phillips S, Dain Y, et al. Acoustic Attenuation in Gas Mixtures with Nitrogen: Experimental Data and Calculations [J/OL]. The Journal of the Acoustical Society of America, 2003, 113 (4): 1871-1879.

[56] Phillips S, Dain Y, Lueptow R M. Theory for a Gas Composition Sensor Based on Acoustic Properties [J]. Measurement Science and Technology, 2003, 14 (1): 70-75.

[57] Petculescu A, Hall B, Fraenzle R, et al. A Prototype Acoustic Gas Sensor Based on Attenuation [J/OL]. The Journal of the Acoustical Society of America, 2006, 120 (4): 1779-1782.

[58] Zhang K-S, Wang S, Zhu M, et al. Algorithm for Capturing Primary Relaxation Processes in Excitable Gases by Two-Frequency Acoustic Measurements [J/OL]. Measurement Science and Technology, 2013, 24 (5): 055002.

[59] Hu Y, Wang S, Zhu M, et al. Acoustic Absorption Spectral Peak Location for Gas Detection [J]. Sensors and Actuators, B: Chemical, 2014, 203: 1-8.

[60] Liu T, Wang S, Zhu M. Decomposition of Effective Specific Heat of Molecular Relaxation for Gas Detection in a Mixture. [J]. Journal of the Acoustical Society of America, 2017, 141 (3): 1844.

[61] Zhu M, Liu T, Wang S, et al. Capturing Molecular Multimode Relaxation Processes in Excitable Gases Based on Decomposition of Acoustic Relaxation Spectra [J]. Measurement Science and Technology, 2017, 28 (8).

[62] 杜功焕, 朱哲民, 龚秀芬. 声学基础 [M]. 南京: 南京大学出版社, 2012.

[63] 刘婷婷. 基于声弛豫信息分解的气体传感技术研究 [D]. 武汉: 华中科技大学, 2017.

[64] 张克声. 基于声传播谱的气体传感技术理论研究 [D]. 武汉: 华中科技大学, 2013.

[65] Lawrence E K, Austin R F, Alan B C. Fundamentals of Acoustics [M]. New York: Wiley, 1982.

[66] 马大猷. 现代声学理论基础 [M]. 北京: 科学出版社, 2004.

[67] 胡轶. 基于声弛豫吸收谱线峰值点的气体传感技术研究 [D]. 武汉: 华中科技大学, 2016.

[68] 张克声, 陈刘奎, 欧卫华, 等. 基于声吸收谱峰值点的天然气燃烧特性检测理论

[J]. 物理学报, 2015, 64 (5): 054302: 1-8.

[69] 张克声, 唐文勇. 可激发气体分子声弛豫过程振动模式能量转移速率计算 [J]. 声学学报, 2018, 43 (3): 399-409.

[70] 佟帅. 超声波防垢除垢机理及提高效率的方法研究 [D]. 大连: 大连理工大学, 2008.

[71] 张海澜. 理论声学 [M]. 北京: 高等教育出版社, 2007.

[72] Parker J G. Rotational and Vibrational Relaxation in Diatomic Gases [J]. The Physics of Fluids, 1959, 2 (4): 449-462.

[73] Mason W. Physical Acoustic [M]. New York: Academic Press, 1965.

[74] Herzfeld K, Rice F. Dispersion and Absorption of High Frequency Sound Waves [J]. Physical Review, 1928, 31 (4): 691-695.

[75] Schwartz R N, Slawsky Z I, Herzfeld K F. Calculation of Vibrational Relaxation Times in Gases [J]. Journal of Chemical Physics, 1952, 20 (10): 1591-1599.

[76] Tanczos F I. Calculation of Vibrational Relaxation Times of the Chloromethanes [J]. Journal of Chemical Physics, 1956, 25 (3): 439-447.

[77] Zuckerwar A J, Meredith R W. Acoustical Measurements of Vibrational Relaxation in Moist N_2 at Elevated Temperatures [J]. Journal of the Acoustical Society of America, 1982, 71 (1): 67-73.

[78] Bauer H J, Douglas Shields F, Bass H E. Multimode Vibrational Relaxation in Polyatomic Molecules [J]. The Journal of Chemical Physics, 1972, 57 (11): 4624-4628.

[79] Shields F D, Bass H E. Vibtational Relaxation Rates in N_2/CO_2 Mixtures as Determined from Low-Frequency Sound Absorption Measurements [J]. J. Acoust. Soc. Am, 1980, 118 (1962): 1210-1212.

[80] Dain Y, Lueptow R M. Acoustic Attenuation in Three-Component Gas Mixtures—Theory [J/OL]. The Journal of the Acoustical Society of America, 2001, 109 (5): 1955-1964.

[81] 鄢舒, 王殊. 多原子分子气体中声波弛豫衰减谱的重建算法 [J]. 物理学报, 2008, 57 (7): 4282-4291.

[82] 鄢舒, 王殊. 多元混合气体中非线性声衰减的数值模拟 [J]. 声学学报: 中文版, 2008, 33 (6): 481-490.

[83] 贾雅琼, 王殊, 朱明, 等. 气体声弛豫过程中有效比热容与弛豫时间的分解对应关系 [J]. 物理学报, 2012, 61 (9): 339-346.

[84] Zhang K-S, Ou W, Jiang X, et al. Calculation of Vibrational Relaxation Times in Multi-Component Excitable Gases [J/OL]. Journal of the Korean Physical Society, 2014, 65 (7): 1028-1035.

[85] Zhang K, Ding Y, Zhu M, et al. Calculating Vibrational Mode Contributions to Sound Absorption in Excitable Gas Mixtures by Decomposing Multi-Relaxation Absorption Spectroscopy [J/OL]. Applied Acoustics, 2017, 116: 195-204.

[86] Liu T, Wang S, Zhu M. Predicting Acoustic Relaxation Absorption in Gas Mixtures for

Extraction of Composition Relaxation Contributions [J/OL]. Proceedings of the Royal Society A: Mathematical, Physical and Engineering Sciences, 2017, 473 (2208): 20170496.

[87] 张克声, 王殊, 朱明, 等. 混合气体声复合弛豫频谱的解析模型 [J]. 物理学报, 2012, 61 (17): 174301.

[88] Tanczos F I F I. Calculation of Vibrational Relaxation Times of the Chloromethanes [J]. J. Chem. Phys., 1956, 25 (3): 439-447.

[89] Rhodes J E. The Velocity of Sound in Hydrogen When Rotational Degrees of Freedom Fail to Be Excited [J]. Physical Review, 1946, 70 (11): 932-938.

[90] Takayanagi K. On the Inelastic Collision between Molecules II [J]. Progress of Theoretical Physics, 1952, 8 (5): 497-508.

[91] Takayanagi K, Kishimoto T. On the Inelastic Collision between Molecules [J]. Progress of Theoretical Physics, 1953, 9 (6): 578-592.

[92] Geide K. Rotational Relaxation in Gaseous Hydrogen Sulfide and Parahydrogen [J]. Acustica, 1963, 13 (1): 31-41.

[93] Sluijter C G, Knaap H F P, Beenakker J J M. Determination of Rotational Relaxation Times of Hydrogen Isotopes by Sound Absorption Measurements at Low Temperatures I [J/OL]. Physica, 1964, 30 (4): 745-762.

[94] Sluijter C G, Knaap H F P, Beenakker J J M. Determination of Rotational Relaxation Times of Hydrogen Isotopes by Sound Absorption Measurements at Low Temperatures II [J/OL]. Physica, 1965, 31 (4): 915-940.

[95] Winter T G, Hill G L. High-Temperature Ultrasonic Measurements of Rotational Relaxation in Hydrogen, Deuterium, Nitrogen, and Oxygen [J]. Journal of the Acoustical Society of America, 1967, 42 (4): 848-858.

[96] Valley L M, Amme R C. Multiple Velocity Dispersion in Normal Hydrogen and in Normal Hydrogen-Helium Mixtures [J]. Acoustical Society of America Journal, 1968, 44 (4): 1144-1145.

[97] Behnen S W, Rothwell H L, Amme R C. Vibration-Rotation Energy Transfer between CO2 (N2) and Orthohydrogen [J]. Chemical Physics Letters, 1971, 8 (3): 318-320.

[98] Raff L M, Winter T G. Origin of the Temperature Dependence of the Ultrasonic "Rotational Relaxation" Time [J/OL]. The Journal of Chemical Physics, 1968, 48 (9): 3992-4000.

[99] Bass H E, Bauer H-J., Evans L B. Atmospheric Absorption of Sound: Analytical Expressions [J]. Journal of the Acoustical Society of America, 1972, 52 (3B): 821-825.

[100] Davison W D. Rotational Energy Transfer in Molecular Collisons: Transitions in Parahydrogen [J]. Discuss. Faraday Soc., 1962, 33: 71.

[101] Montero S, Thibault F, Tejeda G, et al. Rotranslational State-to-State Rates and Spectral Representation of Inelastic Collisions in Low-Temperature Molecular Hydrogen [J].

Journal of Chemical Physics, 2006, 125 (12): 1-9.

[102] Montero S, Pérez-Ríos J. Rotational Relaxation in Molecular Hydrogen and Deuterium: Theory versus Acoustic Experiments [J/OL]. The Journal of Chemical Physics, 2014, 141 (11): 114301.

[103] Zhang K-S, Wang S, Zhu M, et al. Decoupling Multimode Vibrational Relaxations in Multi-Component Gas Mixtures: Analysis of Sound Relaxational Absorption Spectra [J/OL]. Chinese Physics B, 2013, 22 (1): 014305.

[104] Sears F W, Salinger G L. Thermodynamics, Kinetic Theory, and Statistical Thermodynamics [M]. Addison-Wesley Pub. Co, 1975.

[105] 李卫. 热力学与统计物理 [M]. 北京: 北京理工大学出版社, 1989.

[106] 张克声, 朱明, 唐文勇, 等. 可激发气体振动弛豫时间的两频点声测量重建算法 [J]. 物理学报, 2016, 65 (13): 172-180.

[107] Minami Y, Yogi T, Sakai K. Rotational Relaxation in H_2 Gas Observed with Optical Beating Brillouin Spectroscopy [J]. Journal of Applied Physics, 2009, 106 (11): 1094.

[108] Lambert J. Vibrational and Rotational Relaxation in Gases [M]. Oxford: Clarendon Press, 1977.

[109] Herzfeld K F, Litovitz T A. Absorption and Dispersion of Ultrasonic Waves [M]. Academic Press, 1959.

[110] Stewart, Ellen S, Stewart, James L, Hubbard J C. Ultrasonic Dispersion and Absorption in Hydrogen [J]. Physical Review, 1945, 68 (9): 231.

[111] Zeleznik F J, Svehla R A. Rotational Relaxation in Polar Gases. II [J]. The Journal of Chemical Physics, 1970, 53 (2): 632-646.

[112] 马本堃, 高尚惠, 孙煜. 热力学与统计物理学 [M]. 北京: 高等教育出版社, 1994.

[113] Brout R. Rotational Energy Transfer in Diatomic Molecules [J]. The Journal of Chemical Physics, 1954, 22 (7): 1189-1190.

[114] Lambert B J D. Vibrational and Rotational Relaxation in Gases [M]. Clarendon Press, 1977.

[115] Bhatia A B. Ultrasonic Absorption: An Introduction to the Theory of Sound Absorption and Dispersion in Gases, Liquids, and Solids [M]. New York: Courier Corporation, 1985.

[116] Warren P M. Physical Acoustics: Principles and Methods [M]. London: Academic Press, 1964.

[117] Bauer H, Bass H E. On Acoustic Measurements of Rotational Energy Transfer [J]. The Journal of Chemical Physics, 1972, 57 (4): 1763-1766.

[118] Davision W D. General Distorted-Wave Treatment of Rotational Transitions in Molecular Collisiozns [J]. Proceedings of the Royal Society of London, 1964, 280 (1381): 227-234.

[119] Minami Y, Yogi T, Sakai K. Rotational Relaxation in Diatomic Gas at High Temperature Observed with Brillouin Scattering Spectroscopy [J]. Journal of Optics, 2011, 13 (7).

[120] Douglas Shields F. On Obtaining Transition Rates from Sound Absorption and Dispersion Curves [J]. The Journal of the Acoustical Society of America, 1970, 47: 1262-1268.

[121] Tikhonov V I, Volkov A A. Separation of Water into Its Ortho and Para Isomers [J]. Science, 2002, 296 (28): 2363.

[122] Wan J K S, Ioffe M S, Depew M C. A Novel Acoustic Sensing System for On-Line Hydrogen Measurements [J]. Sensors and Actuators, B: Chemical, 1996, 32 (3): 233-237.

[123] 朱明. 混合气体浓度检测的弛豫声学方法研究 [D]. 武汉: 华中科技大学, 2008.

[124] Petculescu A G, Lueptow R M. Synthesizing Primary Molecular Relaxation Processes in Excitable Gases Using a Two-Frequency Reconstructive Algorithm [J]. Physical Review Letters, 2005, 94 (23): 1-4.

[125] Liu T, Wang S, Zhu M. Decomposition of Effective Specific Heat of Molecular Relaxation for Gas Detection in a Mixture [J/OL]. The Journal of the Acoustical Society of America, 2017, 141 (3): 1844-1851.

[126] Liu T, Wang S, Zhu M. Predicting Acoustic Relaxation Absorption in Gas Mixtures for Extraction of Composition Relaxation Contributions [J]. Proc Math Phys Eng Sci, 2017, 473 (2208).

[127] Zhu M, Liu T, Zhang X, et al. A Simple Measurement Method of Molecular Relaxation in a Gas by Reconstructing Acoustic Velocity Dispersion [J/OL]. Measurement Science and Technology, 2018, 29 (1): 015109.

[128] Shields F D. Thermal Relaxation in Carbon Dioxide as a Function of Temperature [J]. The Journal of the Acoustical Society of America, 1957, 29 (4): 450-454.

[129] Petculescu A G, Lueptow R M. Fine-Tuning Molecular Acoustic Models: Sensitivity of the Predicted Attenuation to the Lennard-Jones Parameters [J/OL]. The Journal of the Acoustical Society of America, 2005, 117 (1): 175-184.

[130] Valley L M, Legvold S. Sound Dispersion in Ethane-Ethylene Mixtures and in Halo-Ethane Gases [J]. The Journal of Chemical Physics, 1962, 36 (2): 481-485.

[131] Sette D, Busala A, C H J. Energy Transfer by Collisions in Vapors of Chlorinated Methanes [J]. J. Chem. Phys. , 1955, 23: 787-793.

[132] Sebtahmadi S S, Yaghmaee M S, Raissi B, et al. Chemical General Modeling and Experimental Observation of Size Dependence Surface Activity on the Example of Pt Nano-Particles in Electrochemical CO Gas Sensors [J/OL]. Sensors & Actuators: B. Chemical, 2019, 285 (April 2018): 310-316.

[133] Ren W, Luo L, Tittel F K. Sensitive Detection of Formaldehyde Using an Interband Cascade Laser near 3. 6 Mm [J/OL]. Sensors and Actuators, B: Chemical, 2015, 221: 1062-1068.

[134] Li C, Dong L, Zheng C, et al. Compact TDLAS Based Optical Sensor for Ppb-Level Ethane Detection by Use of a 3. 34 Mm Room-Temperature CW Interband Cascade Laser [J/OL]. Sensors and Actuators, B: Chemical, 2016, 232: 188-194.

[135] Chamorro C R, Segovia J J, Villaman M A. Speeds of Sound in {(1-x) CH_4+xN_2} with X= (0. 10001, 0. 19999 and 0. 5422) at Temperatures between 170 K and 400 K and Pressures up to 30 MPa [J]. J. Chem. . Thermodynamics, 2006, 38: 929-937.

[136] Polturak E, Garrett S L, Lipson S G. Precision Acoustic Gas Analyzer for Binary Mixtures [J]. Review of Scientific Instruments, 1986, 57 (11): 2837-2841.

[137] Tinge J T, Mencke K, Bosgra L, et al. Ultrasonic Gas Analyser for High Resolution Determination of Binary-Gas Composition [J]. J. Phy. E: Sci. Instrum. , 1986, 19: 953-956.

[138] Vyas J C, Katti V R, Gupta S K, et al. A Non-Invasive Ultrasonic Gas Sensor for Binary Gas Mixtures [J]. Sensors and Actuators, B: Chemical, 2006, 115 (August 2005): 28-32.

[139] Petculescu A, Lueptow R M. Quantitative Acoustic Relaxational Spectroscopy for Real-Time Monitoring of Natural Gas: A Perspective on Its Potential [J/OL]. Sensors and Actuators, B: Chemical, 2012, 169: 121-127.

[140] Phillips S, Dain Y, Lueptow R M. Theory for a Gas Composition Sensor Based on Acoustic Properties [J/OL]. Measurement Science and Technology, 2003, 14 (1): 70-75.

[141] Bhatia A B. Sound and Matter. (Book Reviews: Ultrasonic Absorption. An Introduction to the Theory of Sound Absorption and Dispersion in Gases, Liquids, and Solids) [J]. Science, 1967, 158.

[142] Toda H, Kobayakawa T. High-Speed Gas Concentration Measurement Using Ultrasound [J]. Sensors and Actuators, A: Physical, 2008, 144 (1): 1-6.

[143] Zhang K, Zhang S, Zhang X. Algorithm for Synthesizing Excitable Gas Pressure Based on Sound Relaxation Frequency Calculated by Two-frequency Acoustic Measurements [J]. Chinese Journal of Computational Physics, 2019, 36 (6): 699-706.

[144] Niu X, Sun Z. First Principles Study on Elastic and Thermodynamic Properties of Cas [J]. Chinese Journal of Computational Physics, 2017, 34 (04): 468-474.

[145] Zhang K, Zhang X, Shao F. Analysis of Environmental Influencing on Acoustic Relaxation Frequency in Multi-component Excitable Gases [J]. Chinese Journal of Computational Physics, 2019, 36 (1): 1-12.

[146] Zeng F. Ultrasonic Hydrogen Sensing Based on Acoustic Absorption Spectrum and Optical Fiber Laser Sensor [D]. Wuhan University of Technology, 2020.

[147] Zhou W. Measurement of Gas Temperature and Component Distribution Based on Acoustic Velocity and Acoustic Relaxation Attenuation Tomography [D]. North China Electric Power University (Beijing), 2019.

[148] Shields FD. Thermal Relaxation in Carbon Dioxide as a Function of Temperature [J]. The Journal of the Acoustical Society of America, 1957, 29: 450-4.

[149] 张克声. 基于声传播谱的气体传感原理 [M]. 北京: 清华大学出版社, 2018.

[150] 张克声, 隆昌喜. 基于 HC-SR04 模块的时差法声速测量 [J]. 机械与电子, 2018, 36 (2): 54-57.

[151] Geberth R. A New Method of Gas Analysis [J]. Industrial and engineering chemistry, 1923, 15 (12): 1277-1278.

[152] Guillon F, Harrison J P, Tyler A. Acoustical Time of Flight Analysis of ^{3}He-^{4}He Gas Mixtures [J]. Journal of Physics E: Scientific Instruments, 1981, 14 (10): 1147-1148.

[153] 阎玉舜, 陈亦娟, 汤建明. 超声分析二元混合气体浓度的理论及应用 [J]. 声学技术, 1995 (03): 105-108.

[154] 单鸣雷, 王月庆, 朱昌平, 韩庆邦. 微量浓度二元混合气体的超声检测研究 [J]. 压电与声光, 2009 (01): 129-131.

[155] 洪卫东. 煤矿瓦斯检测方法的技术分析 [J]. 淮南职业技术学院学报, 2010 (4): 25-28.

[156] 张克声, 张向群, 邵芳. 声弛豫过程中气体平衡态热容的合成方法及其在气体检测中的应用 [J]. 声学学报, 2020, 45 (3): 394-403.

[157] 董永贵. 传感器技术与系统 [M]. 北京: 清华大学出版社, 2006.

[158] GEBERTH R. A new Method of Gas Analysis [J]. Industrial and engineering chemistry, 1923, 15 (12): 1277-1278.

[159] LUEPTOW R M, PHILLIPS S. Acoustic Sensor for Determining Combustion Properties of Natural Gas [J]. Measurement Science and Technology, 1994, 5 (11): 1375-1381.

[160] 阎玉舜, 陈亦娟, 汤建明. 超声分析二元混合气体浓度的理论及应用 [J]. 声学技术, 1995 (03): 105-108.

[161] 单鸣雷, 王月庆, 朱昌平, 韩庆邦. 微量浓度二元混合气体的超声检测研究 [J]. 压电与声光, 2009 (01): 129-131.

[162] 张克声, 隆昌喜. 基于 HC-SR04 模块的时差法声速测量 [J]. 机械与电子, 2018, 36 (2): 54-57.

附录A 实验补充资料

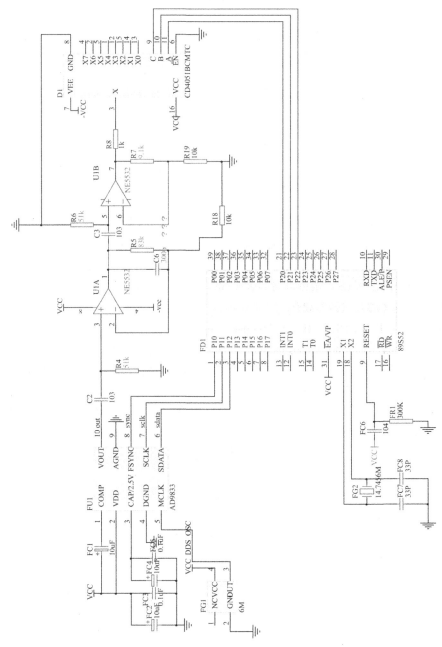

附图1 超声波发送模块原理图

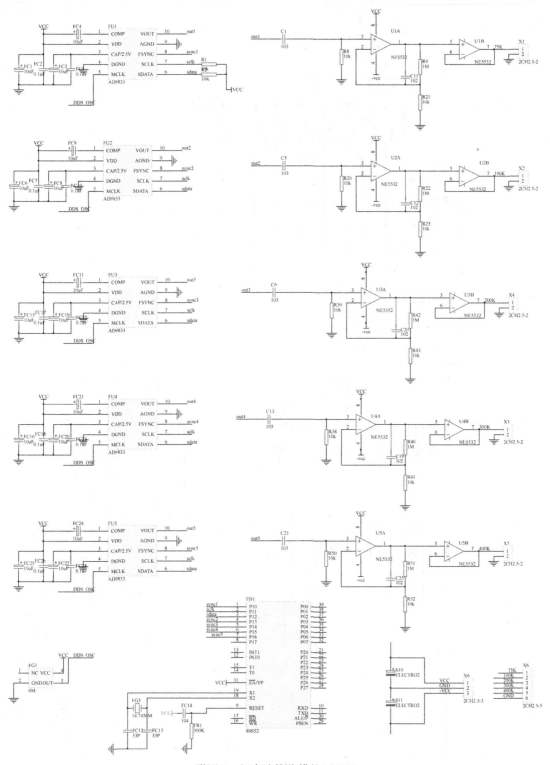

附图 2　超声波接收模块原理图

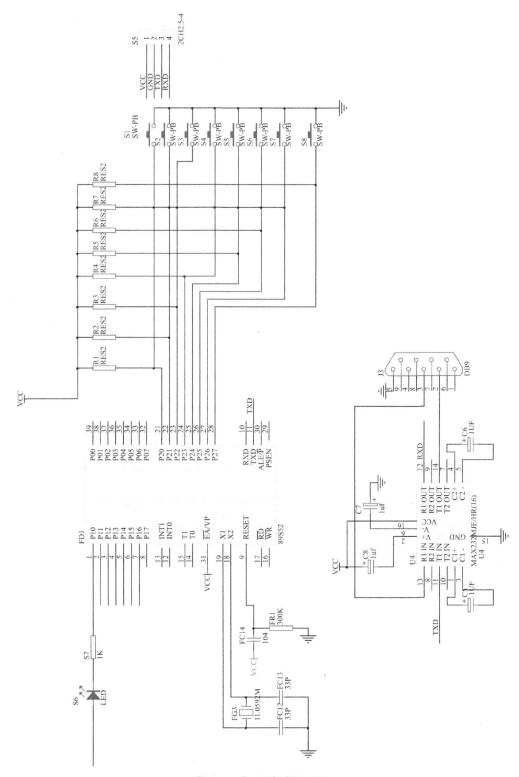

附图 3　单片机控制原理图

changeFreq( )子函数

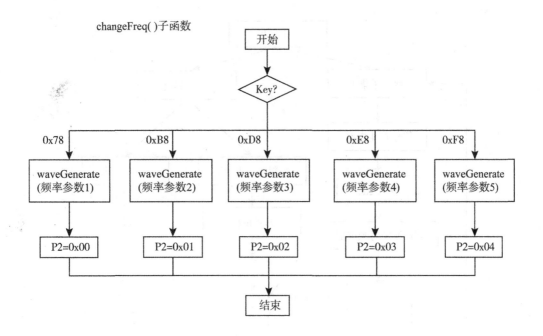

waveGenerate( )子函数

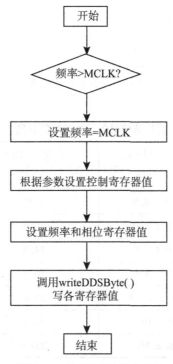

附图 4　不同频率发送流程图

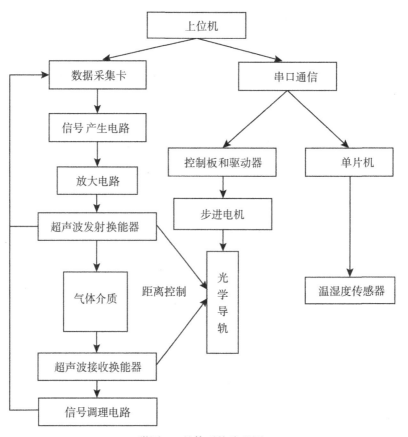

附图 5   整体系统流程图

附表 1   超声波传感器尺寸和性能参数

产品型号	标准频率（kHz）	带宽（kHz）	外形直径（mm）
75E38TR-1	75.0 ± 3.0	6.0	40.0 ± 0.5
100E36TR-2	100.0 ± 8.0	8.0	36.0 ± 0.5
125E25TR-1	125.0 ± 5.0	10.0	25.0 ± 0.5
175E25TR-1	175.0 ± 7.0	14.0	26.0 ± 0.5
200E18TR-1	200.0 ± 8.0	16.0	19.0 ± 0.5
300E10TR-1	300.0 ± 15.0	24.0	13.0 ± 0.5
400E10TR-1	400.0 ± 16.0	30.0	10.0 ± 0.5
1ME21TR-1	1.0M ± 5%	200.0	21.0 ± 0.5

附录 B 本书用到的程序

超声波换能器发送和接收程序

```
/ ***************************************************************
*    功能:波形发生函数
**    入口参数:frequency:期望得到的信号频率(frequency<MCLK)
**              signal_type:0(正弦波),1(三角波),2(方波)
*    默认配置:0相移,方波不分频
***************************************************************** /
void waveGenerate(unsigned long int frequency,unsigned char signal_type)
{
  unsigned char k;
  unsigned long int freq_temp;
  if(frequency>MCLK)
    frequency = MCLK;
  switch(signal_type)
  {
    case 0://正弦波
        Config_Data[0] = 0x2100;//控制寄存器配置值,复位片内其他寄存器
        Config_Data[7] = 0x2000;//控制寄存器配置值,不复位片内其他寄存器
        break;
    case 1://三角波
        Config_Data[0] = 0x210A;
        Config_Data[7] = 0x200A;
        break;
    case 2://方波,不分频
        Config_Data[0] = 0x2128;
        Config_Data[7] = 0x2028;
        break;
    default://正弦波
        Config_Data[0] = 0x2100;
        Config_Data[7] = 0x2000;
        break;
```

```
  }
  //freq _ temp = frequency * （2 ^ 28/MCLK），MCLK = 6M 时，2 ^ 28/MCLK 约 等 于
44. 739242666666669
  freq_temp = frequency * 44. 739242666666669；
  Config_Data[1] = freq_temp&0x3fff；
  Config_Data[3] = Config_Data[1]；
  Config_Data[2] = (freq_temp&0x0fffc000)>>14；
  Config_Data[4] = Config_Data[2]；
  Config_Data[1] = Config_Data[1]|0x4000；//FREQ0 14 LSBs
  Config_Data[2] = Config_Data[2]|0x4000；//FREQ0 14 MSBs
  Config_Data[3] = Config_Data[3]|0x8000；//FREQ1 14 LSBs
  Config_Data[4] = Config_Data[4]|0x8000；//FREQ1 14 MSBs
  Config_Data[5] = 0xC000；//PHASE0
  Config_Data[6] = 0xE000；//PHASE1
  for(k = 0;k<8;k++)
  {
    writeDDS2Byte(Config_Data[k])；
  }
    //delay2us(1)；
  // writeDDS2Byte(0x2100)；
/ ********************************************
*    File：Serial_Comm_1. C
*    Description：Serial Communication Example 1
*    Created Date：  2021-10-01
*    Last Modified：2021-10-01
*    Author：Jeffrey - Schicksal@ 126. com
*    Notes：None
******************************************** /
#include " Atmel/AT89X51. h"
//全局变量
unsigned char key_s, key_v；     //key_s 按键状态,key_v 保留按键状态
sbit LED0 = P1^0；    //LED0 与 P1. 0 管脚相连
//函数声明
void delayms(unsigned int ms)；    //延时程序
void RS232_Init(void)；    //串口初始化
bit scan_key()；    //按键状态扫描函数
void proc_key()；    //按键处理函数
void RS232_SendData(unsigned char Sdata)；    //串口发送字符函数
```

```
void RS232_SendString(unsigned char  * dat) ;        //串口发送字符串函数

//主程序
void main( )
{
        //初始化
        LED0 = 1 ;
        RS232_Init( ) ;
        delayms(100) ;
        LED0 = 0 ;
        delayms(1000) ;
        LED0 = 1 ;
        while(1)
        {
                if( scan_key( ) )       //扫描按键
                {
                    delayms(100) ;   //延时去抖动
                    if( scan_key( ) )   //再次扫描
                    {
                        key_v = key_s ;  //保存键值
                        proc_key( ) ;    //键处理
                    }
                }
        }
}
//延时 1ms
void delayms( unsigned int ms)
{
    unsigned int i ;
    while( ms-- )
    {
        for(i = 0; i < 240; i++) ;
    }
}


//串口初始化
void RS232_Init( void)
{
```

```
        SCON = 0x50;      // UART 工作于模式 1，REN=1
        TMOD = 0x20；     // Timer1 工作于模式 2
        PCON |= 0x80；    // SMOD1 = 1
        TH1 = 0xF8；       // 波特率 9600 Bds at 24MHz
        TL1 = 0xF8；       // 波特率 9600 Bds at 24MHz
        TR1 = 1；         // 启动 Timer1
}


//遍历按键状态
bit scan_key( )
{
        key_s = 0x00;
        key_s |= P2;
        return（key_s ^ key_v）;//key_s 与 key_v 按位异或
}


//按键处理
void proc_key( )
{

        if（（key_v & 0x80）= = 0）   //K8 按下
        {
                RS232_SendString（"201100400099\n"）;       //传送字串 距离减小 10 圈
                LED0=0;
                delayms（1000）;
                LED0=1;
        }


        if（（key_v & 0x40）= = 0）   //K7 按下
        {
                RS232_SendString（"200100400099\n"）;       //传送字串 距离增大 10 圈
                LED0=0;
                delayms（1000）;
                LED0=1;
        }


        if（（key_v & 0x20）= = 0）   //K6 按下
        {
```

```
        RS232_SendString("201100200099\n");        //传送字串 距离减小 5 圈
        LED0 = 0;
        delayms(1000);
        LED0 = 1;
}

if((key_v & 0x10) = = 0)    //K5 按下
{
        RS232_SendString("200100200099\n");        //传送字串 距离增大 5 圈
        LED0 = 0;
    delayms(1000);
        LED0 = 1;
}
        if((key_v & 0x08) = = 0)    //K4 按下
{
        RS232_SendString("201100160099\n");        //传送字串 距离减小 4 圈
        LED0 = 0;
        delayms(1000);
        LED0 = 1;
}
if((key_v & 0x04) = = 0)    //K3 按下
{
        RS232_SendString("200100160099\n");        //传送字串 距离增大 4 圈
        LED0 = 0;
    delayms(1000);
        LED0 = 1;
}
if((key_v & 0x02) = = 0)    //K2 按下
{
        RS232_SendString("201100040099\n");        //传送字串 距离减小 1 圈
        LED0 = 0;
    delayms(1000);
        LED0 = 1;
}
if((key_v & 0x01) = = 0)    //K1 按下
{
        RS232_SendString("200100040099\n");        //传送字串 距离增大 1 圈
        LED0 = 0;
```

```
            delayms(1000);
                LED0 = 1;
        }
}


//串口发送数据
void RS232_SendData(unsigned char Sdata)
{
    SBUF = Sdata;      // 发送数据
    while(TI == 0);      // 等待发送完毕
    TI = 0;      // 清除发送结束标志
}


//串口发送字符串
void RS232_SendString(unsigned char * dat)
{
   while( * dat ! = '\n')              //判断字符串是否发送完毕
  {
    RS232_SendData( * dat);           //发送单个字符
    dat++;                      //字符地址加1,指向先下一个字符
  // delayms(5);
  }
}


#include <reg52. h>
#include <intrins. h>
sbit f_sync = P1^0;
sbit s_clk = P1^1;
sbit s_data = P1^2;
#define DDS_SCLK_UP       s_clk = 1
#define DDS_SCLK_DOWN       s_clk = 0
#define DDS_SDATA_UP      s_data = 1
#define DDS_SDATA_DOWN       s_data = 0
#define DDS_FSYNC_UP      f_sync = 1
#define DDS_FSYNC_DOWN       f_sync = 0
//#define BITB 0x0800
//AD9833 输入时钟值
unsigned long int MCLK = 6000000;
```

```
//寄存器配置数组
unsigned int Config_Data[8];
//频率
unsigned long int code freq[7] = {25000,40000,75000,100000,200000,300000,400000};
//函数声明
static void delay2us(unsigned char i);
static void changeFreq(unsigned char key);
//static unsigned char getKeyValue();
void writeDDS2Byte(unsigned int config);
void waveGenerate(unsigned long int frequency,unsigned char signal_type);
/* void main(void)
{
    unsigned char key_temp,key;
        //int k;
    //用单片机 P1 口的高 5bit 来选择频率
        //P1 = 0xff;
    key = getKeyValue();
    changeFreq(key);
        //delay2us(3);
        // P2 = 0x05;
    while(1)
    {
        key_temp = getKeyValue();
        if(key! = key_temp)
        {
            key = key_temp;
            changeFreq(key);
        }
            //delay2us(2);
            //P2 = 0x05;
    }
} */
void main(void)
{
        unsigned char key;
        unsigned char cnt;
        while(1)
        {
```

```
                        //25KHz
        key = 0x25;
        changeFreq(key);
        delay2us(80);
        P2 = 0x07;
                        //40KHz
        key = 0x40;
        changeFreq(key);
        delay2us(60);
        P2 = 0x07;
                        //75KHz
        key = 0x78;
        changeFreq(key);
        delay2us(48);
        P2 = 0x07;
                        //100KHz
        key = 0xB8;
        changeFreq(key);
        delay2us(36);
        P2 = 0x07;
                        //200KHz
        key = 0xD8;
        changeFreq(key);
        delay2us(15);
        P2 = 0x07;
                        //300KHz
        key = 0xE8;
        changeFreq(key);
        delay2us(10);
        P2 = 0x07;
                        //400KHz
        key = 0xF0;
        changeFreq(key);
        delay2us(6);
        P2 = 0x07;
    }
}
static void changeFreq(unsigned char key)
```

```
{
    switch(key)
    {
        case 0x25://25K
            waveGenerate(freq[0],0);
                delay2us(50);
            P2 = 0x00;
        break;

        case 0x40://40K
            waveGenerate(freq[1],0);
                delay2us(50);
            P2 = 0x01;
        break;

        case 0x78://75K
            waveGenerate(freq[2],0);
                delay2us(50);
            P2 = 0x04;
        break;

        case 0xB8://100K
            waveGenerate(freq[3],0);
                delay2us(50);
            P2 = 0x03;
        break;

        case 0xD8://200K
            waveGenerate(freq[4],0);
                delay2us(50);
            P2 = 0x04;
        break;

        case 0xE8://300K
            waveGenerate(freq[5],0);
                delay2us(50);
            P2 = 0x05;
        break;
```

```
        case 0xF0://400K
            waveGenerate(freq[6],0);
                delay2us(50);
            P2 = 0x06;
        break;

default:

                delay2us(50);
            P2 = 0x07;
        break;
    }
}
/ ************************************************************
*    功能:波形发生函数
*
*    入口参数: frequency: 期望得到的信号频率(frequency<MCLK)
*
*            signal_type:0(正弦波),1(三角波),2(方波)
*
*    默认配置: 0 相移,方波不分频
************************************************************ /
void waveGenerate(unsigned long int frequency,unsigned char signal_type)
{
    unsigned char k;
    unsigned long int freq_temp;
    if(frequency>MCLK)
        frequency=MCLK;
    switch(signal_type)
    {
        case 0://正弦波
            Config_Data[0]=0x2100;//控制寄存器配置值,复位片内其他寄存器
            Config_Data[7]=0x2000;//控制寄存器配置值,不复位片内其他寄存器
            break;
        case 1://三角波
            Config_Data[0]=0x210A;
            Config_Data[7]=0x200A;
```

```
                break;
            case 2://方波,不分频
                Config_Data[0]=0x2128;
                Config_Data[7]=0x2028;
                break;
            default://正弦波
                Config_Data[0]=0x2100;
                Config_Data[7]=0x2000;
                break;
        }
```

freq _ temp = frequency * (2 ^ 28/MCLK), MCLK = 6Mhz 时, 2 ^ 28/MCLK 约 等 于
44. 739242666666669

//freq _ temp = frequency * (2 ^ 28/MCLK), MCLK = 4Mhz 时, 2 ^ 28/MCLK 约 等 于
67. 108864

```
        //freq_temp=frequency * 44;
    Config_Data[1]=freq_temp&0x3fff;
    Config_Data[3]=Config_Data[1];
    Config_Data[2]=(freq_temp&0x0fffc000)>>14;
    Config_Data[4]=Config_Data[2];
    Config_Data[1]=Config_Data[1]|0x4000;//FREQ0 14 LSBs
    Config_Data[2]=Config_Data[2]|0x4000;//FREQ0 14 MSBs
    Config_Data[3]=Config_Data[3]|0x8000;//FREQ1 14 LSBs
    Config_Data[4]=Config_Data[4]|0x8000;//FREQ1 14 MSBs
    Config_Data[5]=0xC000;//PHASE0
    Config_Data[6]=0xE000;//PHASE1
    for(k=0;k<8;k++)
    {
        writeDDS2Byte(Config_Data[k]);
    }
        //delay2us(1);
    //writeDDS2Byte(0x2100);
}
void writeDDS2Byte(unsigned int config)
{
    unsigned char i;
    DDS_SCLK_DOWN;
    _nop_();
    DDS_FSYNC_UP;
```

```
    _nop_( );
    DDS_SCLK_UP;
    delay2us(1);
    DDS_FSYNC_DOWN;
    _nop_( );
    for (i=0; i<16; i++)
    {
        if (config & 0x8000)
            DDS_SDATA_UP;
        else
            DDS_SDATA_DOWN;
        delay2us(1);
        DDS_SCLK_DOWN;
        delay2us(1);
        DDS_SCLK_UP;
        config <<= 1;
    }
    DDS_FSYNC_UP;
    _nop_( );
    DDS_SCLK_DOWN;
    delay2us(1);
}
static void delay2us(unsigned char i)
{
    while (--i);
}
```

```
%%%%%%%%三个频率点重建一个弛豫过程
function [ c_inf, C_int, Tao] = reconstruction_1( c_M,f_M)

w = 2 * pi * f_M;
syms a b c;

%%%%%%%%%%求解多少个弛豫过程%%%%%%%%%%%%
m1 = a * (1−b/(1+w(1)^2 * c)) −c_M(1);
m2 = a * (1−b/(1+w(2)^2 * c)) −c_M(2);
m3 = a * (1−b/(1+w(3)^2 * c)) −c_M(3);
```

```
%%%%%%%%%求解%%%%%
[a, b, c] = solve(m1,m2,m3);
c_inf = vpa(a,5);
C_int = vpa(b,5);
Tao = vpa(c,5);
return;


%%%%%%%%%%%%%%%%%%%%%%%%%%%%%%%%%%%%%%%%%%%%
%%%%%%五个频率点重建一个弛豫过程
function [c_inf, C_int1, Tao1,C_int2,Tao2]=reconstruction_2(c_M,f_M)

w = 2*pi*f_M;
syms a b c e f;


%%%%%%%%%%求解多少个弛豫过程%%%%%%%%%%%%%
m1=a*(1-b/(1+w(1)^2*c)-e/(1+w(1)^2*f))-c_M(1);
m2=a*(1-b/(1+w(2)^2*c)-e/(1+w(2)^2*f))-c_M(2);
m3=a*(1-b/(1+w(3)^2*c)-e/(1+w(3)^2*f))-c_M(3);
m4=a*(1-b/(1+w(4)^2*c)-e/(1+w(4)^2*f))-c_M(4);
m5=a*(1-b/(1+w(5)^2*c)-e/(1+w(5)^2*f))-c_M(5);
%%%%%%%%%%求解%%%%%
[a, b, c,e,f] = solve(m1,m2,m3,m4,m5);
c_inf = vpa(a(1),5);
C_int1 = vpa(b(1),5);
Tao1 = vpa(c(1),5);
C_int2 = vpa(e(1),5);
Tao2 = vpa(f(1),5);
return;


%%%%%%%分子率重建
function  rate1000  = rate1000_whole( choice_gas,rate_part1000 )
%UNTITLED2 Summary of this function goes here
%    Detailed explanation goes here
%%%%%%%%% rate1000 whole %%%%%%%%%%%%%%%%%%%%%%%
%%%%%%%%%%%%%%%%
rate_temp=0;
choice_gas_num=length(choice_gas);
for ii=1:choice_gas_num;
```

%应不包含与同一类分子其他简正模式的乘积项及其与不同种分子的非最低振动模式的乘积项

```
%甲烷
%CH4(1306)
switch choice_gas(ii)
    case 4


        for jj=1:choice_gas_num;
            if choice_gas(jj)~=2&&choice_gas(jj)~=3&&choice_gas(jj)~=5&&choice_gas(jj)~=11&&choice_gas(jj)~=12&&choice_gas(jj)~=13&&choice_gas(jj)~=14 …
                    &&choice_gas(jj)~=16&&choice_gas(jj)~=17
                rate_temp=rate_temp+rate_part1000(ii,jj);
            end
        end;
        rate1000(ii)=rate_temp;%求和后的平动弛豫时间之和
        rate_temp=0;%重新置零


        %CH4(1534)
    case   5


        for jj=1:choice_gas_num;
            if choice_gas(jj)~=2&&choice_gas(jj)~=3&&choice_gas(jj)~=4&&choice_gas(jj)~=11&&choice_gas(jj)~=12&&choice_gas(jj)~=13&&choice_gas(jj)~=14 …
                    &&choice_gas(jj)~=16&&choice_gas(jj)~=17
                rate_temp=rate_temp+rate_part1000(ii,jj);
            end
        end;
        rate1000(ii)=rate_temp;%求和后的平动弛豫时间之和
        rate_temp=0;%重新置零


        %CH4(2915)
    case   11


        for jj=1:choice_gas_num;
            if choice_gas(jj)~=2&&choice_gas(jj)~=3&&choice_gas(jj)~=4&&choice_gas(jj)~=5&&choice_gas(jj)~=12&&choice_gas(jj)~=13&&choice_gas
```

（jj）~=14 …

```
                            &&choice_gas(jj)~=16&&choice_gas(jj)~=17
                    rate_temp=rate_temp+rate_part1000(ii,jj);
                end
            end;
        rate1000(ii)=rate_temp;%求和后的平动弛豫时间之和
        rate_temp=0;%重新置零


        %CH4(3019)
    case 12


        for jj=1:choice_gas_num;
                if choice_gas(jj)~=2&&choice_gas(jj)~=3&&choice_gas(jj)~=
4&&choice_gas(jj)~=5&&choice_gas(jj)~=11&&choice_gas(jj)~=13&&choice_gas
(jj)~=14 …
                            &&choice_gas(jj)~=16&&choice_gas(jj)~=17
                    rate_temp=rate_temp+rate_part1000(ii,jj);
                end
            end;
        rate1000(ii)=rate_temp;%求和后的平动弛豫时间之和
        rate_temp=0;%重新置零


        %二氧化碳
        %CO2(667)
    case 1


        for jj=1:choice_gas_num;
                if choice_gas(jj)~=2&&choice_gas(jj)~=3&&choice_gas(jj)~=
5&&choice_gas(jj)~=11&&choice_gas(jj)~=12&&choice_gas(jj)~=13&&choice_gas
(jj)~=14 …
                            &&choice_gas(jj)~=16&&choice_gas(jj)~=17
                    rate_temp=rate_temp+rate_part1000(ii,jj);
                end
            end;
        rate1000(ii)=rate_temp;%求和后的平动弛豫时间之和
        rate_temp=0;%重新置零


        %CO2(1388)
```

```
case 2

    for jj = 1:choice_gas_num;
        if choice_gas(jj) ~ = 1&&choice_gas(jj) ~ = 3&&choice_gas(jj) ~ =
5&&choice_gas(jj) ~ = 11&&choice_gas(jj) ~ = 12&&choice_gas(jj) ~ = 13&&choice_gas
(jj) ~ = 14 ...
                    &&choice_gas(jj) ~ = 16&&choice_gas(jj) ~ = 17
            rate_temp = rate_temp+rate_part1000(ii,jj);
        end
    end;
    rate1000(ii) = rate_temp;%求和后的平动弛豫时间之和
    rate_temp = 0;%重新置零


    %CO2(2349)
case 3

    for jj = 1:choice_gas_num;
        if choice_gas(jj) ~ = 1&&choice_gas(jj) ~ = 2&&choice_gas(jj) ~ =
5&&choice_gas(jj) ~ = 11&&choice_gas(jj) ~ = 12&&choice_gas(jj) ~ = 13&&choice_gas
(jj) ~ = 14 ...
                    &&choice_gas(jj) ~ = 16&&choice_gas(jj) ~ = 17
            rate_temp = rate_temp+rate_part1000(ii,jj);
        end
    end;
    rate1000(ii) = rate_temp;%求和后的平动弛豫时间之和
    rate_temp = 0;%重新置零


    %水
    %H2O(1596)
case 6

    for jj = 1:choice_gas_num;
        if choice_gas(jj) ~ = 3&&choice_gas(jj) ~ = 2&&choice_gas(jj) ~ =
5&&choice_gas(jj) ~ = 11&&choice_gas(jj) ~ = 12&&choice_gas(jj) ~ = 13&&choice_gas
(jj) ~ = 14 ...
                    &&choice_gas(jj) ~ = 16&&choice_gas(jj) ~ = 17
            rate_temp = rate_temp+rate_part1000(ii,jj);
        end
```

```
    end;
    rate1000(ii)= rate_temp;%求和后的平动弛豫时间之和
    rate_temp=0;%重新置零


    %H2O(3657)
case 13


    for jj=1:choice_gas_num;
        if choice_gas(jj)~=2&&choice_gas(jj)~=3&&choice_gas(jj)~=
5&&choice_gas(jj)~=11&&choice_gas(jj)~=12&&choice_gas(jj)~=6&&choice_gas
(jj)~=14 …
                &&choice_gas(jj)~=16&&choice_gas(jj)~=17
            rate_temp=rate_temp+rate_part1000(ii,jj);
        end
    end;
    rate1000(ii)= rate_temp;%求和后的平动弛豫时间之和
    rate_temp=0;%重新置零


    %H2O(3657)
case 14


    for jj=1:choice_gas_num;
        if choice_gas(jj)~=3&&choice_gas(jj)~=2&&choice_gas(jj)~=
5&&choice_gas(jj)~=11&&choice_gas(jj)~=12&&choice_gas(jj)~=6&&choice_gas
(jj)~=13 …
                &&choice_gas(jj)~=16&&choice_gas(jj)~=17
            rate_temp=rate_temp+rate_part1000(ii,jj);
        end
    end;
    rate1000(ii)= rate_temp;%求和后的平动弛豫时间之和
    rate_temp=0;%重新置零
    %二氧化硫
    %SO2(525)
case 15


    for jj=1:choice_gas_num;
        if choice_gas(jj)~=3&&choice_gas(jj)~=2&&choice_gas(jj)~=
5&&choice_gas(jj)~=11&&choice_gas(jj)~=12&&choice_gas(jj)~=13&&choice_gas
```

```
(jj) ~ = 14 …
                                &&choice_gas(jj) ~ = 16&&choice_gas(jj) ~ = 17
                    rate_temp = rate_temp+rate_part1000(ii,jj);
            end
        end;
        rate1000(ii) = rate_temp;%求和后的平动弛豫时间之和
        rate_temp = 0;%重新置零
        %其他情况
        %SO2(1150)
    case 16

        for jj = 1:choice_gas_num;
            if choice_gas(jj) ~ = 3&&choice_gas(jj) ~ = 2&&choice_gas(jj) ~ =
5&&choice_gas(jj) ~ = 11&&choice_gas(jj) ~ = 12&&choice_gas(jj) ~ = 13&&choice_gas
(jj) ~ = 14 …
                                &&choice_gas(jj) ~ = 15&&choice_gas(jj) ~ = 17
                    rate_temp = rate_temp+rate_part1000(ii,jj);
            end
        end;
        rate1000(ii) = rate_temp;%求和后的平动弛豫时间之和
        rate_temp = 0;%重新置零
        %其他情况
        %SO2(1360)
    case 17

        for jj = 1:choice_gas_num;
            if choice_gas(jj) ~ = 3&&choice_gas(jj) ~ = 2&&choice_gas(jj) ~ =
5&&choice_gas(jj) ~ = 11&&choice_gas(jj) ~ = 12&&choice_gas(jj) ~ = 13&&choice_gas
(jj) ~ = 14 …
                                &&choice_gas(jj) ~ = 15&&choice_gas(jj) ~ = 16
                    rate_temp = rate_temp+rate_part1000(ii,jj);
            end
        end;
        rate1000(ii) = rate_temp;%求和后的平动弛豫时间之和
        rate_temp = 0;%重新置零
        %其他情况
    otherwise
        for jj = 1:choice_gas_num;
```

```
            if choice_gas(jj)~=2&&choice_gas(jj)~=3&&choice_gas(jj)~=
5&&choice_gas(jj)~=11&&choice_gas(jj)~=12&&choice_gas(jj)~=13&&choice_gas
(jj)~=14 &&choice_gas(jj)~=16&&choice_gas(jj)~=17
                    rate_temp=rate_temp+rate_part1000(ii,jj);
                end
            end;
            rate1000(ii)=rate_temp;%求和后的平动弛豫时间之和
            rate_temp=0;%重新置零
    end

end

end
%%峰值点求解
%%function [str,xyMaxValue,yMaxValue]=peaktext(HandleLog)
%%找到曲线的极值点,返回坐标值及标注字符串
%HandleLog 曲线的句柄
%xyMaxValue 极值点对应的横坐标,即频率
%yMaxValue 极值点对应的纵坐标,衰减系数
%str 标注字符串
function [str,xyMaxValue,yMaxValue]=peaktext(HandleLog)
yValue = get(HandleLog,'ydata');
[yMaxValue,yIndex] = max(yValue)
xValue = get(HandleLog,'xdata');
xyMaxValue = xValue(yIndex)
plot(xyMaxValue,yMaxValue,'s');
str=strcat('(',num2str(xyMaxValue),',',num2str(yMaxValue),')')
return
%%%%%%%%%%vv 变换 v 和 alpha 求解,二阶阶跃。p 气体二阶去激励,q 气体一阶激
励%%%%%%%%%%%%%%%%%%%%%%
function fx=vv2fun6(v,M,T0,sigema,vf,e,p,q)
NA=6.02e23;                          % 阿伏伽德罗常数
K=1.38e-23;                          % 普朗克常数
j/s          %温度,*/*/*/*计算时别忘了调整温度值*/*/*/*/**/*
h=6.626e-34;                         % 玻尔兹曼常数 J/K
T=T0;
mn=M(p);                             %分子质量
mh=M(q);
```

157

```matlab
sigman = sigema( p );                    %碰撞直径
sigmah = sigema( q );
if p = = q
    vfn = vf( p );
    vfh = 0;
end
vfn = vf( p );
vfh = vf( q );
en = e( p );                             %最低势能
eh = e( q );

de = h * ( vfn * 2 -vfh );               %碰撞交换能量
u = mn * mh/( mn+mh );
r = 1/2 * ( sigman+sigmah );
u = mn * mh/( mn+mh );
ee = sqrt( en * eh );
rc = 2^( 1/6 ) * r * ( 1+sqrt( 1+u * v^2/2/ee ) )^( -1/6 );    %rc
a = 1/( r-rc ) * log( ( 1/2 * u * v^2+ee )/ee );    %求解 alpha
fx = sqrt( 2 * K * T/u * ( de^2 * u * pi^2/2/a^2/h^2 * 4 * pi^2/K/T )^( 1/3 ) ) -v;
return;
format long
for i = 1:11
    rate_e_thyCO2_a( i ) = ( e_thyCO2_a( i )-e_thyCO2_a( 1 ) )/e_thyCO2_a( 1 );
    rate_e_thyCO2_b( i ) = ( e_thyCO2_b( i )-e_thyCO2_b( 1 ) )/e_thyCO2_b( 1 );
end
for i = 1:11
    rate_e_thyCO_a( i ) = ( e_thyCO_a( i )-e_thyCO_a( 1 ) )/e_thyCO_a( 1 );
    rate_e_thyCO_b( i ) = ( e_thyCO_b( i )-e_thyCO_b( 1 ) )/e_thyCO_b( 1 );
end
%
% %纯 CL2
for i = 1:11
    rate_e_thyCL2_a( i ) = ( e_thyCL2_a( i )-e_thyCL2_a( 1 ) )/e_thyCL2_a( 1 );
    rate_e_thyCL2_b( i ) = ( e_thyCL2_b( i )-e_thyCL2_b( 1 ) )/e_thyCL2_b( 1 );
end
for i = 1:11
    rate_e_thyN2_a( i ) = ( e_thyN2_a( i )-e_thyN2_a( 1 ) )/e_thyN2_a( 1 );
    rate_e_thyN2_b( i ) = ( e_thyN2_b( i )-e_thyN2_b( 1 ) )/e_thyN2_b( 1 );
```

```
end
for ii = 1:change_T
    for jj = 1:A_s1_ii
        figure(3)
        plot(T00(ii),r1(ii,jj),'r.'); hold on
        plot(T00(ii),r2(ii,jj),'b.'); hold on
    end
end
```

%%%%%%根据插值法查找对应的弛豫频率点

```
function f_relaxation = find_relaxation_frequency(c_res, ff)
pi = 3.1415926;
c_res_des = subs(c_res,'w', 2 * pi * ff);
c_res_max = max(c_res_des);
c_res_min = min(c_res_des);
c_relaxation = (c_res_max + c_res_min) / 2
syms w;
m1 = c_relaxation - c_res;
ff_relaxation = solve(m1 == 0);
f_relaxation = ff_relaxation(1)/(2 * pi)
return;
```

%% 重建的误差:固定频率点,观察谱线数值变化对重建结果的影响

% 效果较差

% 程序功能:输入正确的参数,恢复出有效比热容

%设定全弛豫过程的重建算法的声频率,用于计算输入频点的声吸收和声速值

% f_select = [92e3,15e4,215e3];

%

seq = 1 %研究第一个频率点上的取值变化

% f_select = [40e3,125e3,215e3];%重建吸收谱的测量频点

```
for f_s1_ii = 1:11
for A_s1_jj = 1:11
f1_s = 40e3+(f_s1_ii-6) * 1e3;
f_select = [f1_s,125e3,215e3];%重建吸收谱的测量频点
for k = 1:length(f_select)%计算这几个测量频点的有效比热容数值
    if k == seq
    alphaLamb_select(k) = subs(alphalamda,'w',2 * pi * f_select(k))
    alphaLamb_select(k) = alphaLamb_select(k) * (1+(A_s1_ii-6) * 0.01)%固定测量频率
点,谱线数值变化对重建结果影响
%       else
```

```
%       alphaLamb_select( k) = subs( alphalamda,'w',2 * pi * f_select( k) ) ;
%       end
    alphaLamb_select( k) = subs( alphalamda,'w',2 * pi * f_select( k) )
    c_select = subs( c,'w',2 * pi * f_select( k) )
    if k = = seq
    alpha_select( k) = alphaLamb_select( k) * f_select( k) ./c_select * ( 1 + ( A_s1_jj-6) *
0. 01) %%改变 alpha 的取值
    else
        alpha_select( k) = alphaLamb_select( k) * f_select( k) ./c_select
    end

    temp_num = alpha_select( k). * c_select. /( 2 * pi * f_select( k) )
    CV_eff_select = R * P0. /rou0. * ( 1-temp_num^2-2 * i * temp_num) ./( 1-P0. /rou0. /c_
select^2 * ( 1-...
    temp_num^2-2 * i * temp_num) ) ./( c_select^2)
    x( k) = real( CV_eff_select)
    y( k) = imag( CV_eff_select)
end
```